100일 태교 한 장

교육회사 11년 차 다니는 임산부가
직접 태교하고 싶어서 만든 임산부 학습지

100일 태교 한 장

작가의 말

임신 중에 엄마가 긍정적인 감정 상태를 유지하고 아기와 교감을 나누는 행동은 태아의 두뇌 발달에 긍정적인 영향을 미친다고 합니다. 특히 5개월 이후부터는 청각 자극에 반응하기 시작하는데, 엄마의 목소리와 다양한 외부 소리를 통해 태아의 두뇌 발달을 촉진할 수 있지요. 반대로, 임신 중 엄마가 극심한 스트레스를 겪으면 스트레스 호르몬인 코르티솔이 과도하게 분비되어 태아의 뇌 발달에 부정적인 영향을 미칠 수 있습니다. 이러한 이유로 인해 임산부의 심신 안정과 태교는 태아 발달에 매우 중요합니다.

저는 결혼 4년 차에 바라고 바라던 아기가 생겼습니다. 많은 임산부가 그러하듯 임신테스트기 두 줄의 기쁨은 평생 잊지 못할 겁니다. 그리고 그렇게 소중한 내 아기를 위해 태교를 시작했습니다. 매일 책을 읽고, 음악을 듣고, 아이에게 태담을 합니다. 그러나 하루에 9시간씩 업무에 매진하는 임산부가 시간을 내어 태교를 하기엔 역부족이었습니다. 무엇을 어떻게 하는 것이 좋은 태교인지 고민만 하다가 하루를 보내기도 했습니다.

『태교 한 장』은 약 11년간 아이들을 가르치고 교육 정책과 교재 콘텐츠를 연구하면서 오랫동안 교육업계에 종사한 임산부가 직접 개발한 맞춤형 학습지입니다. 태교는 우리 아기의 '첫 번째 교육'이라는 생각을 갖고 한 장 한 장 나와 아기의 미래를 꿈꾸며 만들었습니다.

바쁜 현대 생활 속에서 체계적으로 태교를 실천하기란 쉽지 않지요. 저와 같은 예비 엄마들이 이 책을 통해 잠깐이나마 즐겁고 유익한 시간을 가지길 바랍니다. 간단하게 하루에 한 장씩 즐겨보며 100장을 완성한 후 뿌듯함을 느껴 보세요. 다만 시간에 쫓겨 매일 해야 한다는 강박감을 갖지는 마십시오. 임산부에게 가장 좋은 태교는 '편안한 마음'이니까요. 스트레스 관리만 잘해도 태교의 절반은 성공입니다.

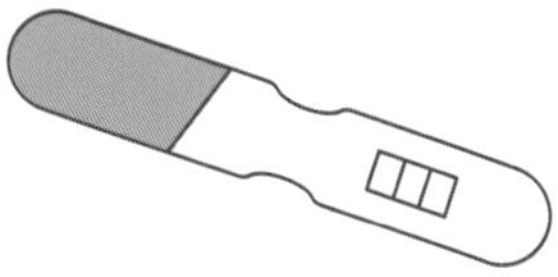

저출산이 매년 화제가 되고 있습니다. 대한민국의 출산율은 세계 최저 수준으로 심각한 사회적 이슈가 되었지요. 실제로 저는 집 주변에 있던 산부인과와 조리원, 소아청소년과 병원이 환자가 없어 문을 닫는 모습을 지켜보았습니다. 참 안타까운 현실입니다. 이제 임산부는 정말 '소수'의 약자가 되어 버렸나 봅니다.

하지만 유명하다는 난임 한의원은 매주 텐트를 치고 기다리는 부부들로 문전성시를 이룹니다. 인공수정, 시험관 아기 시술 등 임신을 간절히 바라며 노력하는 사람들도 심심치 않게 찾아볼 수 있지요. 임신을 위해 준비해 봤던 사람이라면 소중한 아기가 찾아오길 절실히 바라본 기억이 있을 겁니다. 그 절실함이 열매를 맺고 선물처럼 다가와 준 우리의 아기들, 배 속에서 잘 자라 건강하게 나올 수 있도록 잘 돌보아 주시기를 바랍니다.

자랑스러운 엄마가 된 그대들이여, 오늘도 힘찬 하루를 보내고, 열 달 탈 없이 건강하고 행복하게 보낸 후 순산하시길 응원하겠습니다.

2024년 8월의 어느 날 '하품이' 엄마 김예닮 드림

태교 한 장 목차

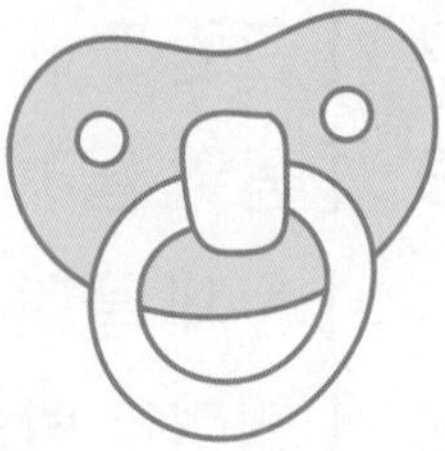

(이)를 위한
100일간의 태교 이야기

태교 한 장 Day 1

[이야기 읽어 주기] 꼬리 왕자와 꽃잎 공주

- 아래 빈칸에 아기의 태명을 넣은 후, 소리 내어 엄마 목소리로 읽어 주세요.

지금부터 (　　　　)(이)의 첫 번째 이야기를 들려줄게.
옛날 한 옛날에, 헤엄치기를 잘하는 꼬리 왕자와 동굴 속에서 그를 기다리는 꽃잎 공주가 살았어요.

꼬리 왕자는 꽃잎 공주가 보고 싶어 매일 같이 바다 곳곳을 헤엄쳐 다녔지요.
하지만 아무리 열심히 찾아봐도 꽃잎 공주가 사는 동굴은 보이지 않았어요.
사실 꽃잎 공주의 동굴은 아주 비밀스럽고 깊숙한 숲속에 숨겨져 있었는데, 한 달에 한 번 햇살이 들어올 때만 동굴의 문을 볼 수가 있었습니다.

그러던 어느 날, 여느 때처럼 열심히 헤엄치던 꼬리 왕자는 알 수 없는 엄청난 물살의 힘을 타고 커다란 강을 건너가게 되었어요.
꼬리 왕자뿐 아니라 꽃잎 공주를 보고 싶어 하는 각 나라의 왕자들이 함께 헤엄쳐 강을 건넜지요. 물살이 너무 센 나머지 강을 건너기도 전에 힘없이 밑으로 떠내려간 왕자도 있었습니다.

꼬리 왕자는 서둘러 더욱 힘차게 헤엄치기 시작했어요.
"나는 꽃잎 공주를 꼭 만나고 말 테야!"
저 멀리 아주 작은 햇살이 보였습니다. 꼬리 왕자는 그 햇살을 따라 한없이 헤엄쳤어요. 마침내, 꼬리 왕자는 햇살이 가장 밝게 빛나는 곳을 발견했지요.
비밀스럽고 깊숙한 숲속에서 동굴 문이 반짝이고 있었습니다.

그런데 이때, 꼬리 왕자 뒤를 바짝 쫓고 있던 세모 왕자가 꼬리 왕자를 밀쳐내고 동굴 문을 두드렸습니다.
"꽃잎 공주님, 나는 세모 왕자예요! 당신을 보러 열심히 헤엄쳐 왔답니다!"

오랫동안 꼬리 왕자를 기다리고 있던 꽃잎 공주는 자신을 만나러 온 왕자가 세모 왕자라는 사실을 듣고는 문을 열어 주지 않았어요. 화가 난 세모 왕자는 문을 쾅쾅 두드리기 시작했지요.

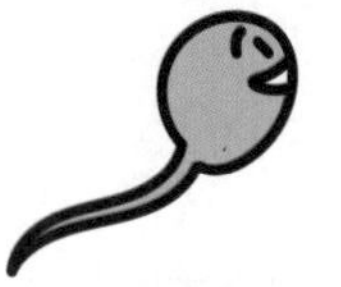

"꽃잎 공주! 어서 나와 보시지.
당신을 만나러 이 세모 왕자가 왔단 말이다!!!"

좀 전보다 험악해진 목소리에 무서워진 꽃잎 공주는 그녀를 지킬 호위병들을 불렀습니다. 동굴 옆에 숨어 있던 하얀 철갑을 두른 호위병들은 아주 손쉽게 세모 왕자를 제압했어요.

그 광경을 지켜보던 꼬리 왕자가 소리쳤습니다.
"꽃잎 공주님! 내가 바로 꼬리 왕자예요. 당신을 만나고 싶어 이곳까지 햇살을 따라 헤엄쳐 왔어요. 부디 나의 사랑을 받아 주세요."

잠자코 밖의 소리를 듣고 있던 꽃잎 공주는 그제야 문을 활짝 열었습니다.
한 번도 만난 적이 없던 꼬리 왕자와 꽃잎 공주는 서로가 운명임을 한눈에 깨닫고 행복의 눈물을 흘리며 서로를 껴안았습니다.

"왜 이제야 오셨나요. 꼬리 왕자님! 당신을 오래전부터 기다려 왔답니다."
"꽃잎 공주님, 나도 당신을 만나기 위해 오래전부터 찾아 헤맸어요.
우리 이제 평생을 함께하도록 해요."

따뜻한 온기를 느끼며 서로를 꽉 안고 있자, 그들은 눈부신 행복감과 함께 하나가 되었습니다. 그리고 곧, 하나가 된 그 생명체는 세상에서 가장 건강하고 튼튼한 (   )(이)가 되었답니다.

멘델의 유전 법칙에 따르면, 부모로부터 받은 유전자가 자녀의 특정 형질을 결정하며 우성 유전자가 있으면 해당 형질이 발현되고, 우성 유전자가 없을 경우 열성 유전자가 발현된다고 합니다.

(우성과 열성 유전자의 예시)
눈동자 색깔 : 갈색은 우성, 파란색은 열성입니다.
머리카락 : 곱슬머리는 우성, 직모는 열성입니다.
키 : 부모 모두의 유전자가 키에 영향을 미치지만, 환경적 요인(영양 상태 등)도 큰 영향을 줍니다.

한편, 성격은 외모보다 더 복잡한 유전적, 환경적 요인의 상호작용으로 나타나게 됩니다. 쌍둥이 연구에 따르면, 성격 특성은 약 4-60% 정도 유전된다고 밝혀졌으며, 나머지는 가족의 환경과 사회적 경험에 의해 결정된다고 하지요.

유전적 영향이 큰 성격 특성으로는 '외/내향성', '정서적 안정성' 등이 있으며, 상대적으로 유전적 영향이 적은 '친화성'이나 '성실성'과 같은 성격 특성은 환경적 요인의 영향을 더 많이 받으므로 양육 환경이 아이에게 매우 중요하다는 사실을 알 수 있습니다.

나는 어떤 특징의 외모를 가지고 있나요?
내가 자라 온 환경은 어떠했나요?
내 성격 형성에 있어 많은 영향을 주었던 것은 무엇인가요?

나의 외모와 어린 시절을 곱씹어 보며 우리 아이의 즐거운 미래를 하나씩 그려보도록 합시다.

- 아이가 엄마, 아빠의 어디를 닮았을까요?

'우리 (   )(이), 이렇게만 닮아라!' 하고 생각하는 것을 써 본 후 그림으로 그려 보세요.

얼굴형		머리숱	
눈		코	
입		손	
두뇌		재능	
키		성격	
입맛		목소리	

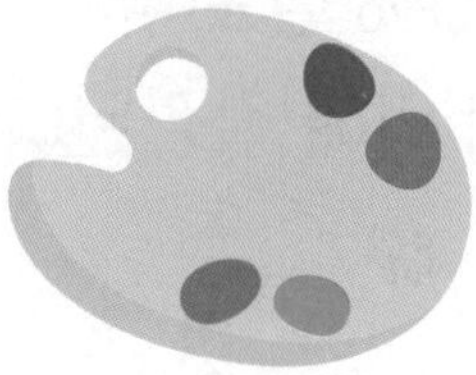

임신 중에 엄마가 태아에게 노래를 불러주는 것은 태아와 엄마 모두에게 여러 긍정적인 효과를 줍니다.

[정서적 안정감]
엄마의 목소리는 태아에게 안정감을 주는 주요 요소 중 하나입니다.
엄마가 아이에게 직접 노래를 불러준다면 음성의 진동과 순간의 감정이 아이에게 직접적으로 전달되겠지요? 특히, 일관된 패턴의 음악이나 노래는 태아에게 진정 효과를 줄 수 있답니다.

[청각 발달]
태아는 20주 정도부터 청각 발달을 시작하여 주변 소리와 엄마의 목소리에 반응하기 시작합니다. 엄마가 자주 노래를 불러준다면 태아의 청각 인식 능력을 향상시키고, 리듬과 멜로디와 같은 소리 요소들을 느끼고 이해하게 됩니다.

[유대감 강화]
임신 중에 엄마가 태아에게 노래를 불러주는 것은 엄마와 태아 사이의 유대감을 더욱 깊게 만들 수 있습니다. 엄마가 노래를 부르는 동안 느끼는 행복한 감정은 태아에게도 전달될 수 있고, 태어난 후에도 엄마의 목소리에 익숙해지는 데 도움이 되겠지요?

[스트레스 감소]
음악과 노래는 엄마의 스트레스를 줄이며, 심리적 안정감을 제공합니다.
엄마가 편안하고 안정되어 있어야 태아도 이와 같은 영향을 받아 깊은 안정감을 느낄 수 있답니다. 이처럼 엄마의 노래는 안정감을 기반으로 태아의 건강한 발달에 좋은 영향을 미치게 됩니다.

- 아이가 태어난다면 불러주고 싶은 노래가 있나요? 아기들은 엄마의 노래를 평가하지 않아요. 단지 엄마의 목소리로 안정감을 느낄 뿐이지요. 그러니 노래하는 것을 부끄러워하지 마세요! 사랑하는 배 속의 태아가 즐거운 리듬과 음정에 익숙해질 수 있도록 엄마의 목소리로 노래를 들려주세요.

시간이 지나고 나중에 태어난 아이에게 같은 노래를 다시 들려준다면 평소에 자주 들었던 엄마 목소리와 노래에 편안함을 느낄 거예요.

너에게 불러 주고 싶은 노래

(제목과 가사를 적어 보세요.)

태교 한 장 Day 4

[문제 풀어 보기] 즐거운 수학 문제 1

- 엄마의 적극적인 두뇌 활동은 태아의 두뇌 발달에도 좋은 영향을 주지요.
  아래 문제를 꼼꼼히 읽어 본 후 답을 구해 보세요.

루나는 마법의 과일 농장을 운영하고 있어요.
어느 날, 그녀의 친구들이 루나의 농장에 놀러 왔습니다.
루나는 친구들에게 마법의 과일을 나눠 주기로 결심했어요.

루나는 아침잠을 깨워 주는 눈떠짐 사과 1776개,

먹자마자 눈앞의 사람을 보고 달콤한 사랑에 빠지는 달콤사랑 배 269개,

그리고 함께 먹는 사람의 감정을 느끼게 해 주는 감정느낌 포도 23개를 수확했습니다.

모두 이 과일을 갖기 위해 간단한 게임을 하기로 했어요.

루나는 눈떠짐 사과를 나누기 위해 마법의 주사위를 굴렸어요.

알렉스, 루비, 소이, 하니, 준이가 뽑혔네요.

달콤사랑 배는 가위바위보를 이긴 루비와 준이가 갖기로 했습니다.

그런데 감정느낌 포도는 5명의 친구 모두가 갖고 싶어 해요.

(1) 눈떠짐 사과를 똑같이 나눈다면 몇 개가 남을까요?

(2) 달콤사랑 배는 몇 개씩 나눠 갖게 될까요?
(남는 건 루나가 가져가요.)

(3) 감정느낌 포도를 루나를 제외한 모두가 갖는다면 몇 개씩 갖게 될까요?
(남는 건 루나가 가져가요.)

(4) 루나가 친구들에게 나눠 준 과일은 모두 몇 개일까요?

(번외) 당신은 어떤 과일을 갖고 싶나요?

*정답 : (1) 1개 / (2) 134개 / (3) 4개 / (4) 2063개

태교 한 장 Day 5

[영어로 말해요] 첫 소개하기

- 배 속의 아기는 약 5개월부터 외부 소리를 들을 수 있어요. 다중 언어 노출은 향후 아기의 언어 발달에 긍정적인 영향을 준답니다. 아래 내용의 빈칸을 채워 보고, 소리 내어 읽어 보세요. 더 쓰고 싶은 내용이 있다면 내용을 추가해도 좋아요!

Hello, my little (태명)!
안녕 나의 작은 아가야!

I am your mom. My name is (엄마 이름).
나는 너의 엄마야. 내 이름은 ( )이지.

You're safe here with me.
너는 엄마와 함께 여기서 안전해.

Right now, you're growing inside my belly.
지금 너는 나의 배 속에서 자라고 있지.

I promise to take good care of you.
엄마는 너를 아주 잘 돌볼거라고 약속해.

I love you so much already.
난 이미 너를 많이 사랑하고 있단다.

Even though I haven't met you yet,
I love you more than words can say.
아직 너를 직접 만나 본 적은 없지만,
말로 다 할 수 없을 만큼 너를 사랑해.

Your dad, (아빠 이름), and I are eagerly waiting for your arrival.
너의 아빠, ( )와(과) 나는 니가 오길 손꼽아 기다리고 있어.

We're preparing everything for you,
including (아기용품들)
우리는 너를 위해 모든 것을 준비하고 있어,
( )을 포함해서.

You're already a part of our family.
너는 이미 우리 가족의 한 구성원이야.

We have a cozy home waiting for you,
and lots of love to give.
너를 기다리는 아늑한 집이 있고, 너에게 줄 많은 사랑도 있지.

Every kick and movement I feel reminds me of how special you are.
엄마가 느끼는 너의 모든 움직임과 발차기는 네가 얼마나 특별한 존재인지를 상기시켜 준단다.

My little (태명),
Grow healthy and come into the world.
나의 작은 ( )아(야),
건강하게 자라서 세상에 나오렴.

태교 한 장 Day 6

[마음 다스리기] 화가 났을 때

- 스트레스를 받으면 우리 몸에서는 코르티솔이라는 호르몬이 분비됩니다. 이러한 호르몬은 태반을 통과해 아기에게 전달되고, 성장과 발달에 부정적인 영향을 줄 수 있지요. 혹시 지금 화가 난 상태인가요? 깊게 심호흡을 뱉은 후, 아래 활동을 통해 마음을 잘 다스려 보도록 해요.

* 나를 화나게 만든 것은 무엇(누구)인가요?

* 나는 왜 그 상황에서 화가 난 것일까요?

* 내 감정이 어떻게 변화했는지 그래프로 그려 보세요.

* 내가 화가 났던 그 상황에, 배 속의 아기는 어떤 것을 느꼈을까요?

* 내가 평소에 화를 가라앉히기 위한 행동이 있다면 무엇인가요?

* 화가 나는 것은 자연스러운 현상이지만, 임신 중에는 이를 잘 관리하고 조절하는 것이 중요해요. 아래에서 화를 진정시키는 행동강령 10가지를 살펴보고, 나에게 필요한 항목에 체크해 보세요.

[화를 진정시키는 행동강령]

□ 천천히 깊게 숨을 들이마시고 내쉬기

□ 충분한 물 섭취하기

□ 몸의 긴장을 풀어 주도록 스트레칭 하기

□ 눈을 감고 명상하기

□ 아기를 위해 배 쓰다듬기 (괜찮다고 말해 주기)

□ 초콜릿, 사탕 등 달콤한 간식 먹기

□ 내가 가장 신뢰할 수 있는 사람과 대화하기

□ 좋아하는 음악 듣기

□ 지금의 감정을 글이나 그림으로 나타내기

□ 따뜻한 물로 샤워하기

- 아기가 태어난 후의 일을 생각해 보아요. 무엇을 함께 하고 싶나요? 아래 예시를 보며 함께하고 싶은 항목을 표시해 보고, 추가로 하고 싶은 일들을 적어 보세요!

□ 셀카, 스튜디오 촬영 등 각종 사진 찍기

□ 귀여운 볼에 뽀뽀하기

□ 즐거운 노래 함께 부르기

□ 집 앞 공원, 놀이터 돌아다니며 산책하기

□ 집 근처 문화센터 가기

□ 가족 커플티, 운동화 등 옷과 신발 맞춰 입기

□ 축구, 야구, 피구, 배드민턴 등 스포츠 즐기기

□ 알록달록 그림 함께 완성하기

□ 악기 다뤄 보기

□ 인형, 장난감으로 역할놀이 하기

□ 레고로 멋진 작품 함께 만들기

□ 수영장에서 물놀이 즐기기

- [ ] 동물원에서 다양한 동물 구경하기
- [ ] 바다에서 모래성 쌓기 놀이 하기
- [ ] 그림책 짚어보며 함께 읽기
- [ ] 점토, 슬라임 등으로 촉감놀이 하기
- [ ] 1박 2일 캠핑 가서 바베큐파티 하기
- [ ] 두발자전거 타기
- [ ]
- [ ]
- [ ]
- [ ]
- [ ]
- [ ]
- [ ]
- [ ]

정기 진료에서 초음파로 우리 아이의 모습을 보면 나도 모르게 웃음이 절로 나오곤 합니다. 점차 커가며 달라지는 우리 아이의 모습이 신기해 두 번 세 번 곱씹어 보기도 하지요.

태아 초음파는 '고주파' 소리를 사용해 자궁 내부의 이미지를 얻어 태아의 발달 상태와 건강을 확인하는 데 사용되는데요. 비침습적이며, 방사선과 달리 세포에 손상을 주지 않아 태아의 발달을 확인하는 데 널리 사용됩니다.

그렇다면 임신 주수에 따라 태아의 모습은 어떻게 달라질까요?

* 임신 4-5주 차 : 태아의 형태 식별 전, 태낭을 확인할 수 있습니다.
* 임신 6~7주 차 : 심장 박동이 감지되며 태아의 몸통과 머리가 구분됩니다.
* 임신 8~9주 차 : 태아의 모양이 좀 더 명확해져 귀여운 젤리곰 형태를 띄게 됩니다.
* 임신 10~12주 차 : 태아의 전체 윤곽이 보이며 목 투명대(NT)를 측정합니다.
* 임신 13~16주 차 : 태아의 머리와 얼굴, 뇌, 척추, 손, 갈비뼈 등의 구조와 더불어 정확도는 낮지만 성별을 확인할 수도 있습니다.
* 임신 17~20주 차 : 태아의 성별이 명확히 확인됩니다. 정밀 초음파를 통해 발달 상태를 평가합니다.
* 임신 21~24주 차 : 태아의 뼈와 근육이 발달합니다. 세부적인 얼굴과 신체 부위가 잘 보입니다.
* 임신 25~28주 차 : 얼굴 이목구비가 더 명확해지며 눈을 뜨고 감는 모습 등을 볼 수 있습니다.
* 임신 29~32주 차 : 얼굴의 주름과 신체 윤곽이 뚜렷해집니다.
* 임신 33~36주 차 : 피부와 지방층이 두꺼워집니다.
* 임신 37~40주 차 : 자궁 안의 공간이 매우 좁아져 태아의 움직임이 제한적일 수 있습니다.

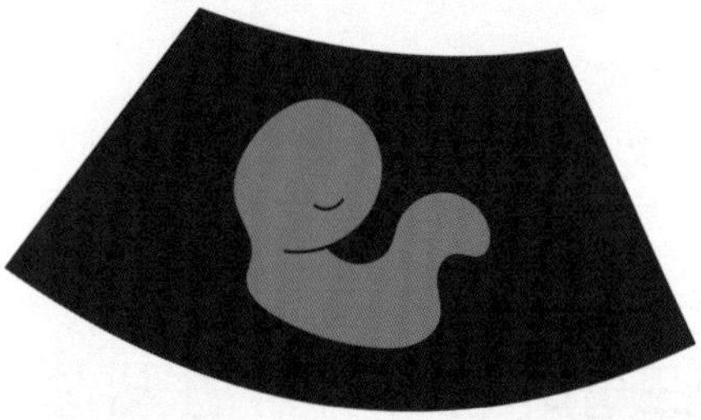
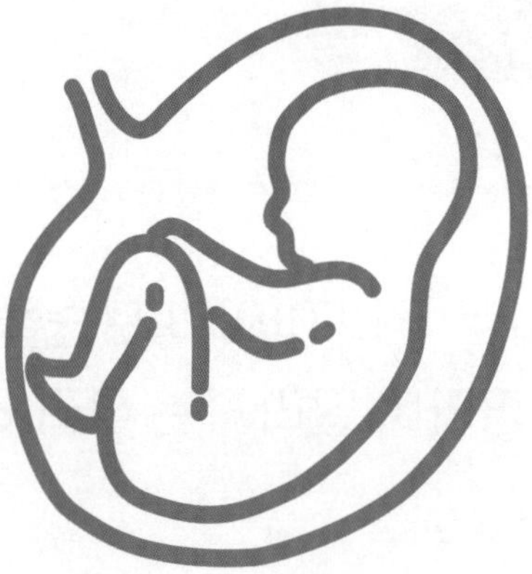
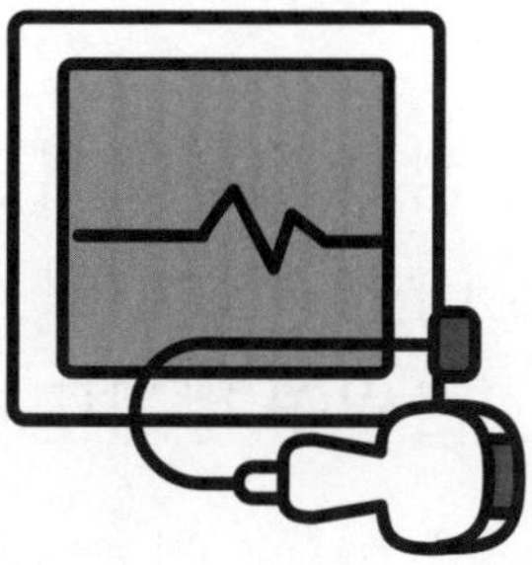

- 지금까지 태아의 초음파를 보며 가장 기억에 남는 순간은 언제인가요?
  사진이나 영상 캡처본 등을 출력해 붙여 보세요.
  그날의 분위기를 떠올려보며 어떤 상황이었는지 자세히 설명을 적어 볼까요?

* 날짜 : 20 . . /

* 주수 :

* 설명

태교 한 장 Day 9

[너에게 쓰는 편지] 이런 엄마가 되어 줄게

- 무럭무럭 자라 나의 가족이 될 아기에게, 어떤 엄마가 되어 주고 싶나요?
  아래 항목을 읽어 보면서 내용을 채워 보세요.

사랑하는 내 아가, ________ 에게
(태명)

안녕 아가야! 너는 나에게 찾아온 ________________ (이)야.
ex)보물, 선물

네가 아장아장 걷기 시작하면 ________________________ .
ex) 너의 손을 잡아 줄게.

혹여 넘어져도 괜찮아. 엄마가 항상 네 곁에서 도와줄 테니까.

네가 첫 말을 시작할 때, 엄마는 ________________________ .
ex) 기쁜 마음으로 대답할 거야.

너의 작은 목소리 하나하나가 엄마에겐 소중해. 세상의 모든 말을 배워 가자.

사랑하는 ________ !
(태명)

네가 첫 친구를 사귀었을 때, 엄마도 함께 기쁠 거야.

친구와 소중한 추억을 만들어 갈 수 있도록 ________________________ .
ex) 맛있는 음식을 만들어 줄게.

학교에서 시험을 못 본 날에는 ______________________.

ex) 토닥여 줄게.

네가 최선을 다했다면 괜찮아. 실패를 통해 더 많이 배울 수 있을 거야.

네가 좋아하는 사람이 생겼을 때, ______________________.

ex) 함께 응원해 줄게.

사랑하는 마음이 얼마나 소중한지, 그 사람에게 어떻게 다가갈 수 있는지 알려 줄 거야.

이별로 힘들어한다면 ______________________.

ex) 네가 좋아하는 음식을 함께 먹도록 하자.

이별이 주는 상처는 깊지만, 그것을 통해 네가 더 강해질 거야.

네가 엄마만큼 자라 결혼을 할 때, ______________________.

ex) 진심을 다해 축복할게.

엄마는 네가 선택한 사람과 함께 행복하기를 진심으로 바랄 거야.

엄마는, 너에게 항상 ______________ 한 사람이 되어 주고 싶어.

ex) 네가 기댈 수 있는 든든

사랑한다, 아가야.

20　　년　　월　　일 엄마가

태교 한 장 Day 10 [만날 날을 준비해요] 아이에게 필요한 것 (1)맘마존

- 아래 항목을 보면서 우리 아이에게 필요한 것과 불필요한 것을 나누어 보고, 세부 내용을 정리해 보세요.

항목	브랜드	수량	구매(예정)일	금액
젖병				
젖꼭지				
젖병 세척솔				
젖꼭지 세척솔				
젖병 집게				
젖병 세제				
젖병 세척기				
젖병 소독기				
젖병 거치대				
젖병 보관함				

항목	브랜드	수량	구매(예정)일	금액
분유 제조기				
분유 포트				
분유 소분통				
수유쿠션				
수유시트				
수유의자				
수유등				
수유패드				
모유저장팩				
유축기				
유축깔대기				
쭉쭉이				

- 아래 빈칸에 아기의 태명을 넣은 후, 소리 내어 엄마 목소리로 읽어 주세요.

오늘은 (   )(이)의 두 번째 이야기야.

세상에서 가장 건강하고 튼튼한 (   )(이)는 암흑같이 캄캄한 동굴 속에서 깨어났습니다. 몹시 춥고 배가 고팠던 (   )(이)는 동굴 밖을 나와 다른 보금자리를 찾아 떠나기로 결심했습니다.
"깊고 좁은 숲속을 건너면 따뜻한 나의 왕국에서 몸을 녹일 수 있을 거야!"

(   )(이)는 동굴 문을 열고 주위를 두리번거렸습니다. 조금 전까지 세모 왕자를 물리쳤던 하얀 철갑을 두른 호위병들이 곁을 지키고 있었지요. 그런데 이때, 한 호위병이 (   )(이)를 가리키며 말했습니다.
"앗! 우리 꽃잎 공주님의 보금자리에서 공주님은 사라지고, 낯선 괴물이 나타났다!"

당황한 (   )(이)는 손사래를 치며 이야기했습니다.
"여러분이 찾던 꽃잎 공주는 바로 나예요! 꼬리 왕자와 함께 하나가 되었어요!"
하지만 호위병 중 그 누구도 (   )(이)의 말을 듣지 않았습니다.

"적군이다 적군! 모두 온 힘을 다해 공격하라!"
결국 (   )(이)는 호위병들을 피해 도망치기 시작했어요. 우거진 숲속에서 길을 찾는 것은 어려운 일이었지만, 꼬리 왕자의 기억을 통해 따뜻한 왕국을 찾아 달리고 또 달렸습니다.

마침내, 온기가 느껴지는 땅에 다다랐습니다. 그곳은 꼬리 왕자가 알던 꼬리 왕국은 아니었습니다. 꽃잎 공주의 어머니인 (엄마 이름   ) 여왕이 공주를 위해 만들어 놓았던 사랑 가득한 '(엄마 이름   )배' 왕국이었지요.
"여긴 우리 어머니의 배 왕국이네! 드디어 새로운 안식처를 찾았어!"

(   )(이)는 안도의 한숨을 내쉬며 다시 미소를 지었습니다.

꼬리 왕자와 꽃잎 공주가 하나가 되면서 몸집이 커진 (   )(이)는 크고 튼튼한 집이 필요했습니다. 이윽고 (   )(이)는 배 왕국에서 가장 넓고 비옥해 보이는 밭에 집을 짓기 시작했지요.

집 짓기에 필요한 것은 단지 (   )(이)의 몸 하나뿐이었습니다.
(   )(이)가 밭을 밟고 몸을 기울이자 (   )(이)에게 꼭 맞는 울타리가 마법처럼 만들어지고 있었기 때문이지요.
"지금처럼 열심히 밭을 밟고 기다린다면 멋진 집이 완성되겠군!"

다만 아주 단단한 집이 만들어지는 중이었기 때문에 시간이 오래 걸릴 것은 분명했습니다. (   )(이)는 계속해서 몸을 기울인 채로 기다렸어요. 그러나 기다림에 지친 나머지 잠이 들어 버리고 말았습니다.

(   )(이)의 잠을 깨운 것은 갑작스럽게 날아온 호위병의 매서운 화살이었습니다.
"꽃잎 공주님을 앗아 간 녀석이 저곳에 있다! 당장 끌어내자!"

날카로운 화살이 비처럼 무더기로 날아왔음에도 (   )(이)는 움직일 수 없었습니다. 잠시 밭을 떠나기라도 했다간 지금까지 한참 만들어졌던 집이 엉망진창으로 무너지게 될지도 모를 일이었지요.

(   )(이)는 무척 무서웠지만, 집을 완성하기 위해 호위병의 화살을 피하지 않고 눈을 감아 버렸습니다.

아기가 자라나는 환경은 발달에 아주 중요한 역할을 합니다. 따라서 환경적인 요소를 신경 써서 방을 꾸며준다면 아기의 더 건강하고 안정된 성장을 도울 수 있겠지요. 아래 내용을 확인해 보며, 아기에게 좋은 환경에 대해 생각해 봅시다.

* 온도
신생아는 체온 조절 능력이 미숙하기 때문에 실내 온도를 20~24도 정도로 유지해 주어야 합니다. 너무 덥거나 추운 환경은 아기의 수면과 건강에 악영향을 미칠 수 있지요. 선풍기나 에어컨을 사용할 때는 아기에게 직접 바람이 닿지 않도록 해야 하며, 겨울에 난방기 사용 시 아기가 너무 따뜻한 옷을 입히는 것을 피하여 체온이 과도하게 오르지 않도록 조절해 주세요.

* 습도
아기방의 적정 습도는 40~60%입니다. 습도는 아기의 호흡기 건강과 직결되어 있습니다. 습도가 너무 낮으면 아기 피부가 건조해질 뿐 아니라 호흡기 질환에 노출될 수 있으므로 가습기를 사용해 습도를 조절하는 것이 좋습니다. 습도가 너무 높으면 곰팡이 등의 번식 위험이 있으므로, 주기적으로 자주 환기를 해주어야 합니다.

* 조명
조명은 아기의 수면 패턴 및 시각 발달과 관계가 있습니다. 낮에 쬘 수 있는 자연광은 아기의 시각 발달에 도움을 주며, 밤에는 어두운 환경에 있어야 점차 아기도 낮과 밤을 구분할 수 있게 됩니다. 또한 너무 강한 조명은 피하는 것이 좋습니다.

* 공기질
미세먼지가 많은 지역의 경우 아기의 호흡기 건강을 위해 공기청정기를 사용하는 것도 좋은 방법입니다.

- 아기의 방을 어떻게 꾸밀지 생각해 보았나요?
  아기 방에 필요한 물건은 무엇이 있을지 적어 보고, 가구와 물건 배치 등을 생각하여 그림으로 표현해 보세요.

* 필요한 물건 목록

☐ (예시 : 온습도계)
☐
☐
☐
☐
☐
☐
☐
☐
☐

태교 한 장 Day 13

[음악 들려주기] 마음이 편안해지는 음악

평소 자주 듣는 음악 스타일이 있나요?
평상시 나의 플레이리스트는 잠시 접어두고, 오늘은 '마음이 편안해지는 음악'을 통해 태아에게 집중해 볼 예정입니다. 편안한 음악의 대표주자! '클래식' 과 '뉴에이지' 음악을 소개합니다.

클래식 음악

대부분의 클래식 음악은 규칙적이고 안정된 리듬과 박자를 가지고 있습니다. 이는 태아의 심박수를 안정시키고, 태아 뇌의 신경 네트워크 형성을 촉진하는 데 도움을 주게 되지요. 특히 '모차르트 효과(Mozart Effect, 모차르트의 음악을 들으면 뇌의 인지 및 학습 능력이 일시적으로 증가할 수 있다는 이론)'라는 개념은 모차르트의 음악이 뇌 발달에 긍정적인 영향을 준다고 알려져 있습니다. 클래식 음악의 차분한 리듬은 산모의 혈압과 호흡을 안정시키는 데 도움이 됩니다. 이는 태아의 혈액 공급에도 좋은 영향을 주어 건강한 발달을 촉진한답니다.

뉴에이지 음악

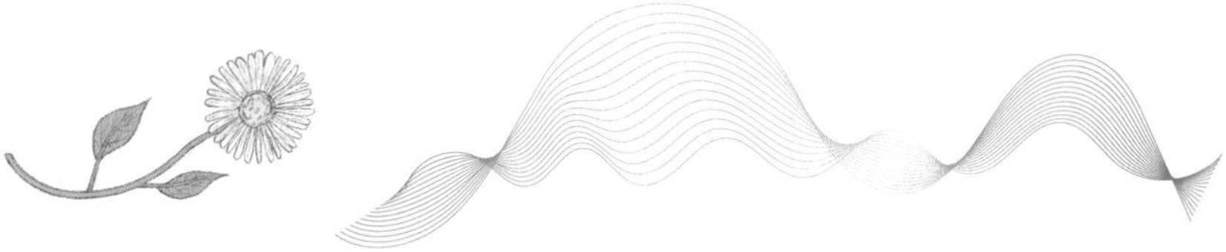

뉴에이지 음악은 일반적으로 느리고 부드러운 리듬의 특징을 갖는 음악입니다. 자극적이지 않고 잔잔한 멜로디가 주를 이루기 때문에 산모의 긴장을 완화하고 내면의 평온을 유지하도록 하지요. 또한 뇌파를 알파파 상태로 유도하여 창의력과 상상력을 자극하는 것으로 알려져 있습니다. 따라서 태아의 감각 발달을 돕는 데 효과적일 수 있겠지요. 산모가 명상이나 이완 상태에서 태아와 교감을 나누기 좋은 음악입니다.

- 태교 음악은 임신 중 산모의 스트레스를 줄이고 정서적 안정감을 느껴 태아에게 긍정적인 영향을 미칠 수 있습니다. 내 마음이 가장 편안해지는 음악을 찾아 적어 보고, 눈을 감은 후 감상해 봅시다.

내 마음이 가장 편안해지는 클래식 음악

내 마음이 가장 편안해지는 뉴에이지 음악

내 마음이 가장 편안해지는 또 다른 음악

- 엄마의 적극적인 두뇌 활동은 태아의 두뇌 발달에도 좋은 영향을 주지요. 미스테리한 수수께끼 문제를 풀어 보는 것은 어떤가요? 아래 이야기를 꼼꼼히 읽어 본 후 추리를 통해 범인을 맞춰 보세요.

어느 날, 사립 탐정 제임스에게 전화가 왔습니다.
"안녕하세요? 저는 베이비 마을에서 가장 큰 저택에 살고 있는 로키라고 해요. 우리 집안에서 불가사의한 실종 사건이 있어, 이렇게 탐정님께 전화했답니다."

로키는 탐정 제임스가 이 사건을 조사하도록 하기 위해 본인의 저택에 초대했습니다. 상황은 이러했지요.

"우리 집에서 늘 아기를 돌봐주던 소피 유모가 어젯밤 갑자기 사라지고 말았어요. 나의 아내는 그녀가 저녁 8시에 베이비룸에서 아기에게 수유하는 것을 마지막으로 목격했고, 그 후 아무도 그녀를 찾지 못했습니다. 모든 문과 창문은 잠겨 있었고, 집 안 어디에서도 소피 유모를 찾을 수가 없었어요."

로키의 집에 도착한 탐정 제임스는 베이비룸을 살피기 시작했습니다. 방 안에는 아기의 침대와 모빌, 몇 개의 젖병, 그리고 큰 창문이 있었습니다.
하지만 창문은 밖에서 잠겨 있었고, 도망갈 방법은 전혀 보이지 않았지요.
모빌을 들춰 보니 평소 소피가 쓰던 메모지가 있었고, 거기에는 이상한 문구가 적혀 있었습니다.

"물의 춤이 끝나는 곳에서 진실이 시작된다."

탐정 제임스는 이 문구를 단서로 삼아 집을 더 조사하기 시작했습니다.
저택 안을 둘러보니 큰 수영장과 작은 텃밭, 연꽃이 떠 있는 호숫가와 아름다운 분수대가 있었어요.

다시 베이비룸으로 돌아온 제임스는 문구를 보며 골똘히 생각했습니다. 그리고는 단서에 해당하는 곳이 (   )(이)라는 것을 깨닫고 곧장 그곳으로 달려갔습니다.

이곳은 어디였을까요?

____

*정답 : 분수대. 물이 춤을 추는 모습은 분수대에서 볼 수 있다.

탐정 제임스는 분수대를 조사하던 중, 아래쪽에 작은 문이 숨겨져 있는 것을 발견했습니다. 문을 열자, 좁고 어두운 비밀 통로가 나타났습니다.

제임스는 통로를 따라 내려갔고, 어두컴컴한 방에 도착했습니다. 놀랍게도, 방 안에는 소피 유모가 앉아 있었습니다. 제임스는 그럴 줄 알았다는 듯 미소를 보이며 이야기했습니다.

"역시 이곳에 계셨군요. 당신을 이곳에 가둔 사람은 (   )입니다. 맞지요?"
"이럴 수가! 탐정님은 역시 그 사실을 알아내셨군요!"

소피 유모를 가둔 사람은 누구였을까요?

____

*정답 : 로키 부부/밖에서 문을 잠궜다는 사실에서 로키 부부가 거짓말을 했다는 것을 알 수 있다.

"맞아요, 탐정님. 내가 소피 유모를 이곳에 가두었어요. 실은 우리 아기가 어젯밤 갑자기 사라졌고, 소피 유모를 의심해 이곳에 가둔 것입니다. 우리는 아기를 찾아야 해요. 당신의 탐정 능력을 테스트하고 싶어서 이곳으로 불러냈습니다. 거짓말을 한 것은 정말 미안해요. 하지만 우리를 도와주세요!"
로키가 눈물을 흘리며 말했습니다.

태교 한 장 Day 15

[영어로 말해요] 좋아하는 음식, 싫어하는 음식

- 아래 내용의 빈칸을 채워 보고, 소리 내어 읽어 보세요.
더 쓰고 싶은 내용이 있다면 마음껏 내용을 추가해도 좋아요!

Dear my baby
사랑하는 나의 아기에게

I can't wait to meet you and hold you in my arms.
너를 만나고 품에 안을 날이 너무 기다려져.

Today, I've noticed some interesting changes in my taste buds.
오늘 엄마는 입맛이 변한걸 알게 되었어.

Before you came into my life, I absolutely loved (음식 이름).
네가 오기 전에 엄마는 ( )을 좋아했어.

However, now just the thought of it makes me feel disgusted.
하지만 지금은 생각만 해도 메스꺼워.

My taste buds have become so sensitive since you've been growing inside me.
네가 엄마의 배 속에서 자라면서 입맛이 아주 예민해졌단다.

Isn't that funny? (사람 이름) is laughing beside me.
참 재미있지 않니? ( )도 옆에서 웃고 있어.

On the other hand, there are some foods I never liked before but now I love.
반면에, 예전에는 싫어했던 음식 중에서 이제는 계속 먹고 싶은 것들이 있어.

For instance, I never cared for (음식이름).
예를 들어, 나는 ( )(을)를 별로 좋아하지 않았어.

The (sour/spicy/salty/sweet) taste was too much for me.
(신/매운/짠/단)맛이 너무 강했거든.

But now, I find myself snacking on them all the time.
그런데 이제는 계속 간식으로 먹고 있어.

Experiencing morning sickness and changes in my taste buds really makes it feel real that you're in my belly.
이렇게 입덧과 입맛의 변화를 겪다 보니 네가 엄마 뱃속에 있다는 게 실감이 나네.

I'm excited to see what foods you'll like when we finally meet.
나중에 만나면 네가 무슨 음식을 좋아할지 기대가 된단다.

Until then, keep growing strong while enjoying delicious food every day, my little one.
그때까지 매일 맛있는 음식을 먹으며 무럭무럭 자라렴, 아가야.

태교 한 장 Day 16

[마음 다스리기] 임신으로 인한 변화로 우울해질 때

- 임신 중에는 많은 신체적, 정서적 변화가 일어납니다. 호르몬 수치가 급격히 변화하며, 입덧, 극심한 피로감, 체중 변화 등으로 인해 우울감이 생기기도 하지요. 임산부의 경제적 상황이나 사회적 압박감, 주변 인간관계의 변화 등이 걱정과 불안을 증폭시켜 우울감을 부추기기도 합니다. 아래 내용을 살펴보면서 나의 마음을 다스리는 활동을 해 보도록 합시다.

* 임신 후 가장 힘들었던 순간을 적어 보세요.
  왜 그 순간이 가장 힘들었나요?
  내가 느꼈던 솔직한 감정을 털어놓도록 해요.

* 요새 걱정되는 것이 있다면 무엇인가요?
  그 걱정을 덜 수 있는 방법은 무엇이 있을까요?
  나는 나의 우울감을 위해 어떤 노력을 하고 있나요?

* 우울감을 해소하기 위한 몇 가지 방법을 소개합니다.

1. 편안한 환경 만들기
집에서 조용하고 편안한 공간을 찾아 잠시 휴식을 취하세요.
편안한 의자에 앉거나 누워서 몸을 이완시키세요.
조용한 음악이나 자연의 소리를 듣는 것도 도움이 됩니다.

2. 심호흡과 근육 이완 연습하기
깊게 숨을 들이마시고 천천히 내쉬는 심호흡을 연습하세요.
발끝에서부터 시작해 온몸의 근육의 힘을 풀어 보세요.
긴장을 완화하고 마음을 진정시키는 데 도움이 됩니다.

3. 긍정적인 활동하기
독서, 산책, 명상 등 간단한 활동을 해 보세요.
나의 기분을 좋게 만들 뿐 아니라 에너지를 증가시킨답니다.

4. 일상 규칙 유지하기
충분한 수면을 취하고, 아침, 점심, 저녁 식사를 거르지 마세요.
일상에서 일관된 규칙을 세워 유지하면 정서적 안정을 찾을 수 있게 됩니다.

5. 나와 대화하기
나를 비판하지 말고, 나 자신에게 힘이 나는 말을 자주 해 주세요.
거울을 보며 하는 것도 좋아요. 스스로를 격려한다면 웃음을 되찾을 수 있을 겁니다.

*** 우울감이 지속되어 심각한 경우에는 전문가의 상담을 꼭 받으세요.

- 배 속 아기가 자라 학교에 가게 된다면 ? 아래 예시를 보며 아이에게 챙겨 주고 싶은 항목을 표시해 보고, 추가로 하고 싶은 일들을 적어 보세요!

☐ 아이가 좋아하는 색의 책가방 사 주기

☐ 학용품 챙겨 주기

☐ 교과서, 소지품에 이름표 붙여 주기

☐ 예비 소집일에 학교에 함께 가기

☐ 입학식에 함께 가기

☐ 아이가 써 온 알림장 챙겨 보기

☐ 학교 숙제 도와주기

☐ 받아쓰기 시험 준비하기

☐ 아이와 학교생활에 관한 대화 나누기

☐ 학부모 회의에 참여하기

☐ 녹색어머니회 (등하교 교통봉사) 활동하기

☐ 아이가 소풍 가는 날 도시락 싸 주기

- ☐ 같은 반 아이들 집에 초대하기
- ☐ 다른 학부모와 소통하기
- ☐ 아이의 생일날 파티 열어 주기
- ☐ 숙제 습관 갖도록 환경 마련해주기 (책상, 시간 등)
- ☐ 책을 읽고 관련된 대화 나누기
- ☐
- ☐
- ☐
- ☐
- ☐
- ☐
- ☐
- ☐
- ☐
- ☐

엄마가 느끼는 긍정적인 감정은 뇌에서 엔도르핀이라는 행복 호르몬을 분비하게 하여 산모와 태아의 건강을 증진하도록 합니다. 오늘은 차분하게 과거를 회상해 보는 활동으로 자신의 어린 시절 사진을 살펴볼 시간입니다.
어렸을 적 나의 모습을 살펴보면서 추억을 되새겨볼까요?

1. 나의 사진 중 가장 어렸을 때의 모습을 찾아보세요. 어때 보이나요?
   나의 부모님은 어떤 감정을 느꼈을까요?

2. 가장 장난스러운 모습의 사진을 찾아보세요. 혹시 그때의 기억이 남아 있다면, 상황을 글로 묘사해 볼까요? (혹은 부모님에게 물어본 후 작성해도 좋아요!)

3. 특별히 기억에 남는 순간의 사진이 있는지 찾아보세요.
   왜 그 사진을 선택했나요?

4. 부모님, 형제들과 대화를 나누며 과거의 이야기를 듣고 추억을 공유해 보세요.

어린 시절 사진을 보는 것은 엄마가 자신의 성장 과정을 되돌아보고, 현재 임신 중인 자신의 상황과 비교하면서 생명의 순환과 연결성을 깊이 느끼게 합니다. 미래에 아이와 나눌 공통된 이야기도 준비할 수 있지요.

- 나중에 아이에게 엄마의 예전 사진을 보여 준다면 매우 흥미로워할 거예요.
  아주 어렸을 때 사진부터 학창 시절, 결혼식 등등 아이에게 보여주고 싶은 엄마의 사진을 선별하여 붙여 보세요.
  당시 어떤 상황이었는지 자세히 설명도 덧붙여 볼까요?

* 날짜 :
* 엄마의 나이 :

* 날짜 :
* 엄마의 나이 :

* 날짜 :
* 엄마의 나이 :

* 날짜 :
* 엄마의 나이 :

태교 한 장 Day 19

[너에게 쓰는 편지] 5살의 너에게

- 무럭무럭 자라 5살이 된 나의 아이에게, 어떤 이야기를 하고 싶나요? 아래 항목을 읽어 보면서 내용을 채워 보고, 추가로 쓰고 싶은 내용을 적어 보세요.

사랑하는 내 아가, ________ 에게
(태명)

안녕, 아가야! 5살이 된 너는 참 ____________ (할) 거야.
ex)눈부실

5살의 너는 매일 ________________________ 하겠지.
ex) 놀이터에서 노는 것을 좋아

어린이집도 가면서 새로운 것을 배우고 다양한 경험을 쌓아 갈 거야.

마음이 맞는 친구를 사귄다면 꼭 ________________________.
ex) 밝고 친절하게 대해 주렴.

친구와 재미있게 놀고 싶다면 기꺼이 시간과 장소를 마련해 줄게.

사랑하는 ________ !
(태명)

다섯 살이 된 너는 배워 나갈 것이 아주 많아.

어려운 것이 있다면 ________________________.
ex) 편하게 엄마에게 물어보렴.

네가 좋아하는 장난감이 생긴다면 ______________________.

ex) 신나게 놀아 줄게.

놀다가 넘어지거나 다치는 일이 생기면 엄마 마음이 너무 아플 거야.

그러니 ______________________________________.

ex) 자전거를 탈 때는 꼭 보호장비를 착용해야 해.

그리고 네가 좋아하는 음식도 많이 생길 거야.

잘 먹지 않는 야채가 있다면 ______________________.

ex) 함께 요리해서 먹어 보도록 하자.

네가 책을 좋아한다면 ______________________.

ex) 매일 밤 동화책을 읽어 줄게.

사랑한다, 아가야.

20 년 월 일 엄마가

- 아래 항목을 보면서 우리 아이에게 필요한 것과 불필요한 것을 나누어 보고, 세부 내용을 정리해 보세요.

항목	브랜드	수량	구매(예정)일	금액
아기 침대				
침대 깔개				
침대 범퍼 가드				
아기 베개				
아기 바디필로우				
러그				
아기 이불				
침대용 홈카메라				
가습기				
공기청정기				

항목	브랜드	수량	구매(예정)일	금액
기저귀갈이대				
방수 깔개 (기저귀갈이대용)				
트롤리				
수납장				
아기 옷장				
아기 옷걸이				
아기 책장				
범보의자				
하이체어				
기저귀 전용 쓰레기통				
백색소음기				
층간소음 매트				

- 아래 빈칸에 아기의 태명을 넣은 후, 소리 내어 엄마 목소리로 읽어 주세요.

(　　　)(이)의 세 번째 이야기를 들려줄게.

휘이익-. 탁!

하얀 호위병의 화살이 (　　　)(이)를 공격했습니다. 하지만 (　　　)(이)는 화살을 맞으면서도 집을 완성하려는 의지를 굽히지 않았어요. 두려움 속에서도 눈을 감고 집을 짓는 데 집중했지요. 신기하게도 아무런 아픔이 느껴지지 않자, (　　　)(이)는 다시 눈을 떴습니다.

"앗, 화살이 모두 부러졌잖아?!"

호위병이 공격하는 크고 날카로운 화살은 (　　　)(이)의 살을 뚫지 못했습니다. 오히려 (　　　)(이)의 몸에 닿은 화살은 모두 힘을 잃고 부러져 버리고 말았지요. (　　　)(이)는 꼬리 왕자와 꽃잎 공주가 합쳐지며 아주 강인한 힘을 내뿜고 있기 때문이었습니다. 자신감이 생긴 (　　　)(이)는 호위병을 향해 다시 한번 외치기 시작했어요.

"나는 여러분을 해칠 생각이 없어요. 나는 당신들이 지키던 꽃잎 공주였고, 꼬리 왕자와 함께 하나가 된 새로운 생명체, (　　　)(이)입니다! 이제 제발 그만 공격을 멈춰 주세요." (　　　)(이)가 꽃잎과 꼬리 모양이 옅게 그려진 자신의 몸을 보여주며 이야기했습니다.

"잠깐, 공격을 멈추자!" 대장 호위병이 말했어요.
"우리의 화살이 통하지 않는다면, 정말 꽃잎 공주였던 생명체일지 몰라. 특히 저 꽃잎과 꼬리가 합쳐진 문양이 예전의 공주님을 생각나게 하는걸?"

모든 호위병이 일제히 공격을 멈췄습니다. 그리고 동시에, (　　　)(이)의 집도 완성되었어요.

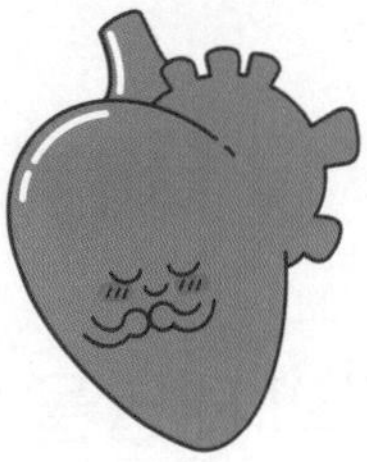

대장 호위병은 완성된 집 앞에 엎드려 말했습니다.
"당신은 꽃잎 공주님이었던, 그리고 지금은 새로운 생명체가 된 (   )(이)님이군요! 몰라봬서 정말 죄송합니다. 이제는 우리가 당신을 지키겠습니다."

대장 호위병은 하얀 호위병뿐 아니라 위쪽 마을에 살던 빨간 호위병까지 데려와 엄청난 수의 호위병들을 이끌고 (   )(이)를 지키기 시작했습니다.
"(   )(이)님, 우리 (엄마 이름   )배 왕국의 왕이 되어 주세요!"

호위병들의 간곡한 부탁을 거절할 수 없었던 (   )(이)는 (엄마 이름   )배 왕국의 왕이 되기로 결심했습니다.
"모두 고마워요. 쑥쑥 자라서 멋진 왕이 되어 볼게요."

그렇게 (엄마 이름   )배 왕국은 (   )(이) 왕국으로 바뀌었습니다.

집을 짓느라 너무나 힘들고 지쳤던 (   )(이)는 이제 먹을 것이 필요해졌습니다. 집 안을 샅샅이 살펴보니, 구석에 조그마한 곳간이 보였습니다. 꽃잎 공주의 어머니인 (엄마 이름   ) 여왕이 (   )(이)가 올 것을 대비해 남겨 둔 것이었지요.

(   )(이)는 정신없이 음식을 삼킨 후, 그 자리에서 곯아떨어졌습니다.

'쿵, 쿵, 쿵, 쿵 ...'

무언가 낯선 소리에 잠이 깬 (   )(이)는 본능적으로 자신의 몸 안에서 우렁차게 뛰고 있는 심장이 생겼다는 사실을 깨달았습니다.

왕국의 새로운 주인인 (   )(이)로부터 생긴 행복 에너지로 왕국은 평화가 가득해졌습니다.

태교 한 장 Day 22

[그림 그리기] 너의 옷은 이렇게

신생아는 체온 조절 능력이 미숙하고 민감한 피부를 가지고 있기 때문에 옷의 소재와 편안함, 보온성이 중요합니다. 그렇다면 아기 옷에는 어떤 종류가 있으며, 무엇을 준비해야 할까요?

1. 배냇저고리
- 신생아의 피부에 직접 닿는 옷으로, 속옷 역할을 합니다. 탯줄이 옷에 의해 억지로 떨어지는 것을 막기 위해 입기도 하지요. 배냇저고리는 면 소재로 이루어져 부드럽고 피부에 자극을 주지 않으며 앞쪽에 끈이 달려 있어 옷을 입히기 쉽답니다. 주로 생후 0~2개월 정도 사용합니다.

2. 배냇가운, 배냇수트
- 배냇저고리와 함께 사용되는 신생아 의류입니다. 배냇가운은 배냇저고리보다 긴 가운의 형태, 배냇슈트는 하의가 똑딱이 형태로 이루어져 있어요. 주로 면 소재로 이루어져 있으며 생후 3개월 정도까지 사용한답니다.

3. 바디수트
- 실내에서 주로 입는 옷입니다. 하의가 따로 없이 똑딱이로 이루어져 있으며, 배냇수트와 다른 점은 상의에 끈이 없다는 점입니다. 보통 아기의 움직임이 많아지는 100일 전후로 입히기 시작합니다.

4. 우주복
- 보통은 아기가 외출을 할 때 많이 입는 전신복이에요. 발끝까지 덮어줄 수 있어서 보온성이 좋습니다. 다만, 기저귀를 갈아줄 땐 옷을 벗겨야 한다는 단점이 있어 매일 자주 입지는 않아요.

***신생아는 보통 60사이즈로 옷을 입기 시작한다는 사실!
옷을 사기 전에 아기가 태어날 시기를 꼭 확인하세요!

- 아기에게 어떤 옷을 선물할지 생각해 보았나요?
  아기 옷은 태어나는 계절에 맞게 준비해야 해요.
  아이에게 어떤 옷이 필요할지 적어 보고, 예쁜 그림으로 표현해 보세요.

* 필요한 옷 목록

□ (예시 : 배냇저고리) □

□ □

□ □

□ □

오늘의 태교 음악은 '엄마가 어릴 때 자주 들었던 음악'입니다.

엄마의 어릴 적 음악을 들으면 엄마 자신도 자신의 과거와 현재, 그리고 태어날 아기와의 연결고리를 만들어 주어 아기와의 유대감을 더욱 깊게 만들어줄 수 있습니다.

또한 엄마의 개인적 의미가 담겨있는 음악이기 때문에 더 특별한 교감을 나눌 수 있지요. 음악은 단순히 소리 이상의 의미를 가지며, 엄마가 그러한 마음으로 음악을 들으며 느끼는 감정은 아기에게 오롯이 전달될 것입니다.

* 내가 아주 어린 꼬꼬마였던 시절, 자주 흥얼거리던 노래가 있다면 모두 적어 보세요.

* 학창 시절 좋아했던 음악 장르나 가수가 있다면 해당 내용을 자세히 적어 보세요.

* 내 기억 속 가장 히트를 쳤던 유행 노래는 무엇인가요?
나중에 아이가 크면 엄마의 어렸을 적 유행 음악을 알려 주세요!

* 특별히 좋아하는 음악 장르가 있다면 모두 적어 볼까요?
(Ex. 팝, 발라드, 영화 음악, 클래식, 락, 댄스, 힙합 등)

- 앞에서 적었던 여러 음악을 잘 살펴보면서, 나에게 힘이 많이 되었거나 좋은 기분을 만들어 주었던 노래 순으로 최고의 음악 순위를 매겨보도록 해요. 다 작성한 후에는 눈을 감고 순서대로 음악을 감상해 볼까요?

* 엄마의 어린 시절 최고의 음악 TOP 10

1.

2.

3.

4.

5.

6.

7.

8.

9.

10.

- 엄마의 적극적인 두뇌 활동은 태아의 두뇌 발달에도 좋은 영향을 주지요.
  아래 문제를 풀어 답을 구해 보세요.

*시간을 재면서 풀어 보세요! (권장 시간 : 30분)

(1) (5789 × 46) − (2345 ÷ 5)

(2) (8214 ÷ 6) + (7234 − 4892)

(3) (3987 + 2468) × 15

(4) (9645 − 3879) × 23

(5) (8452 ÷ 16) + (1376 × 4)

(6) (2950 × 12) − (1587 ÷ 3)

(7) (7294 ÷ 14) + (5482 − 2431)

(8) (6847 + 3098) ÷ 18

(9) (1596 × 8) − (4732 ÷ 4)

(10) (5362 − 2895) × 35

(11) (7849 + 4672) ÷ 25

(12) (9234 ÷ 40) + (5678 − 2987)

(13) (7824 − 3598) × 18

(14) (9126 ÷ 3) + (2345 × 9)

(15) (3579 × 7) − (1234 ÷ 2)

(16) (4682 ÷ 2) + (7856 − 4321)

(17) (2874 × 5) − (1234 × 3)

(18) (9987 + 4532) ÷ 20

(19) (5678 ÷ 4) + (9123 − 3456)

(20) (7589 × 6) − (1245 ÷ 5)

* 정답

(1) 265,825 (2) 3,711 (3) 96,825 (4) 132,618 (5) 6,032.25 (6) 34,871 (7) 3,572 (8) 552.5 (9) 11,585
(10) 86,345 (11) 500.84 (12) 2,921.85 (13) 76,068 (14) 24,147 (15) 24,436 (16) 5,876 (17) 10,668
(18) 725.95 (19) 7,086.5 (20) 45,285

태교 한 장 Day 25

[영어로 말해요] 엄마가 어릴 때

- 아래 내용의 빈칸을 채워 보고, 소리 내어 읽어 보세요.
  더 쓰고 싶은 내용이 있다면 마음껏 내용을 추가해도 좋아요!

As I wait for your arrival, I want to share some stories from my childhood with you.
네가 태어나길 기다리며, 엄마 어린 시절 이야기를 좀 들려주고 싶어.

When I was a little girl, I loved playing in (장소   ).
엄마는 어렸을 때, (ex. the playground / 놀이터)에서 노는 것을 정말 좋아했어.

I used to (과거의 행동   ) there.
그곳에서 (ex. swing on the swings / 그네를 타곤)를 하곤 했었지.

I felt like I could do everything in that place.
그곳에서는 마치 모든 것을 다 할 수만 있을 것 같았어.

I also loved going to the (장소   ) with my parents.
또한 엄마는 부모님이랑 (ex. park / 공원)에 가는 것도 좋아했어.

My parents and I enjoyed (동작   ).
너의 조부모님과 나는 (ex. jogging/조깅)하는 것을 즐겼지.

I hope that when you grow up and reach my age,
we can enjoy these things together too.
네가 자라서 그때의 엄마 나이가 된다면,
우리도 함께 이런 것들을 즐길 수 있기를 바라.

When I was young, I dreamded of becoming (직업) someday.
엄마가 어렸을 때는, 언젠가 (ex. singer / 가수)가 되겠다는 꿈을 가졌어.

As I grew up, my dreams changed many times, but one dream that never changed was my desire to become a mom, and now that dream has come true.
계속 자라면서 꿈이 많이 바뀌었지만, 엄마가 되고 싶다는 꿈 한 가지는 바뀌지 않고 이렇게 이루게 되었네.

I want you to know that no matter what you choose to do, I will always support you and encourage you to follow your dreams.
엄마는 네가 무엇을 하기로 선택하든, 항상 너를 응원하고 네 꿈을 따라가라고 격려해 줄 거야.

I am so looking forward to the happy days we will share together.
우리가 함께할 행복한 일상이 너무나 기대된다.

Let's live well together, my baby!
앞으로 잘 살아 보자, 아가야!

태교 한 장 Day 26

[마음 다스리기] 임신 증상으로 불안한 마음이 들 때

- 임신 기간은 많은 변화를 동반하는 시기이기 때문에 임산부가 불안을 느끼는 것은 자연스러운 일입니다. 특히, 오랜 시간 아이를 기다려 왔거나 초산모일 경우 작은 증상을 더 크게 생각하는 경향이 있기도 하지요. 아래 내용을 살펴보면서 나의 마음을 다스리는 활동을 해 보도록 합시다.

* 임신 후 개월별 주요 증상

- 2개월 (5~8주)
입덧: 구역질과 구토가 계속되며, 특정 음식에 대한 거부감이 생길 수 있어요.
변비: 소화 시스템이 느려져 변비가 올 수 있어요.
정서 변화: 호르몬 변화로 인해 기분 변동이 심해져요.
피로와 졸림: 극심한 피로와 졸음을 느껴요.

- 3개월 (9~12주)
체중 증가: 약간의 체중 증가가 있을 수 있어요.
가슴 통증: 가슴이 계속 예민하고 아파요.
피부 변화: 여드름이나 피부 변화가 나타날 수 있어요.
에너지 회복: 피로감이 조금씩 나아지기도 해요.

- 4개월 (13~16주)
입덧 완화: 입덧 증상이 줄어들어요.
태동: 뽀글거리는 느낌으로 아기의 첫 움직임을 느껴요.
복부 팽창: 배가 점점 불러오기 시작해요.
성별 확인: 초음파를 통해 아기의 성별을 알 수도 있어요.

- 5개월 (17~20주)
태동 증가: 아기의 움직임이 더 자주 느껴져요.
부기: 발과 발목이 붓기 시작해요.
요통: 허리 통증이 생길 수 있어요.
체중 증가: 체중이 계속 증가해요.

- 6개월 (21~24주)
소화 불량: 속쓰림이나 소화 불량이 생겨요.
복부 통증: 자궁이 커지면서 배가 당기는 느낌이 들어요.
피부 변화: 튼살이 생길 수 있어요.
호흡 곤란: 자궁이 커지면서 폐를 압박해 숨쉬기가 어려워 지기도 해요.

- 7~8개월 (25~32주)

허리 통증: 허리 통증이 심해져요.

부기: 손발이 붓는 증상이 심해져요.

태동 강화: 아기의 움직임이 더욱 강해져요.

수면장애: 배가 커지면서 편안하게 잠들기 어려울 수 있어요.

소화 불량: 속쓰림이나 소화 불량이 더 심해질 수 있어요.

호흡 곤란: 자궁이 폐를 더 압박해 숨쉬기가 더 어려워져요.

빈뇨감 : 자궁이 방광을 압박해 화장실을 자주 가게 될 수 있어요.

- 9~10개월 (33주~출산 전)

복부 팽창: 배가 매우 커져 일상 활동이 어려워요.

하강감: 아기가 골반 쪽으로 내려오면서 복부가 가라앉는 느낌이 들 수 있어요.

가진통: 간헐적이고 불편한 정도의 진통을 경험할 수 있어요.

*** 내가 요즘 느끼는 증상은 어떤 것들이 있나요?

*** 임신 증상은 개인에 따라 천차만별로 다릅니다. 모든 증상이 임산부에게 다 나타나지 않을 수 있습니다. 물론 불편함을 지나쳐 심각한 증상으로 발전한다면 반드시 의사와 상담해야 합니다. 산모가 불안해하면 아기도 같은 기분을 느끼게 된다는 것을 기억하고, 차분히 나의 몸을 돌보면서 긍정적인 마음을 갖도록 하세요!

눈을 감고 상상해 보도록 해요.

배 속 아기가 어느새 자라 친구를 사귀었다고 합니다.
그런데 어느 날, 아이가 울상인 채 집에 들어오네요. 친구와 크게 다투었다고 이야기하는 우리 아이, 어떤 조언을 해주어야 할까요?

아이의 사회성을 잘 키우기 위해서는 다툼을 겪은 상황을 긍정적인 학습 경험으로 만들어주는 것이 중요합니다. 큰 문제가 없는 정도의 다툼이라는 것을 확인했다면 어른이 직접 개입하여 아이들끼리의 화해를 부추기는 행동은 삼가는 것이 좋으며, 아이가 직접 부딪혀가며 상황을 극복하도록 조언해 주는 것이 필요하지요.

* 감정에 공감하기
 먼저 아이가 느끼는 감정에 공감해 주세요. "네 마음은 사실 이랬었는데 속상했구나."와 같이 아이의 감정을 인정해 준다면 아이는 자신의 감정을 이해받고 있다고 느끼며 안정감을 찾게 됩니다.

* 감정을 정확하게 표현하도록 가르치기
 아이가 자신의 감정을 언어로 표현하도록 해 주세요. "화가 나는 일이 있을 때는 네가 이런 행동을 해서 내 기분이 나빠졌어. 라고 말을 해야 해." 와 같이 아이에게 자세히 알려주어 감정적으로 대처하지 않고 언어로 감정을 표현하도록 가르쳐 주세요.

* 사과와 용서 가르치기
 다툼 상황에서 아이가 잘못한 것이 있다면 친구에게 진심으로 사과하고, 친구가 잘못을 사과했을 때는 용서를 통해 관계를 회복하는 것이 중요하다는 사실을 꼭 알려주세요.

- 이제 내 아이에게 마음을 담아 조언해 줄 간단한 스크립트를 작성해 볼까요?

* 아이가 친구와 다툰 상황에서 아이에게 먼저 해야 할 질문

* 감정에 공감하기

* 감정을 정확하게 표현하도록 가르치기

* 사과와 용서 가르치기

* 상황을 혼자 극복할 수 있도록 격려 한 마디

태교 한 장 Day 28

[나만의 스크랩북] 엄마의 베스트 아이템

임산부는 아기와 산모 자신을 위해 그 무엇보다도 편안함과 안전성, 건강 관리에 도움이 되는 제품을 선택하게 됩니다. 임신 중에는 급격하게 체형이 변화하고 시간이 갈수록 느끼는 신체적 불편함이 매우 많아지기 때문에 시중에는 이런 임산부의 불편함을 돕는 아이템이 많이 있답니다.

임산부 생활을 하면서 새로 샀거나 자주 쓰게 된 물건이 있나요?
아래 내용을 보며 도움이 될만한 제품을 살펴 보세요.

* 임산부 바디 필로우
배가 무겁고 커지면서 옆을 보고 수면을 취하는 자세가 점점 편해지기 시작합니다. 이때, 길쭉하거나 U자 모양의 형태 등 임산부의 몸을 받쳐줄 수 있는 바디 필로우를 사용한다면 수면의 질을 높이고 배가 커지며 발생하는 허리와 골반의 부담을 줄여줄 수 있답니다.

* 간단한 운동 도구
격하지 않은 적절한 운동은 임산부의 근육 긴장을 풀어주고 신체를 이완하도록 만듭니다. 요가 매트와 스트레칭 밴드는 간단한 체조와 스트레칭을 도와주는 도구이지요. 또한 짐볼 운동은 골반을 풀어주는 데 효과를 주며, 막달에는 순산을 돕습니다.

* 다이어리
임신 중 변화를 기록하고 건강 상태나 검진 일정 등을 관리할 수 있습니다. 또한 산모가 자신의 감정이나 변화하는 신체 특징을 자세히 기록하여 출산 후에도 추억으로 남길 수 있지요.

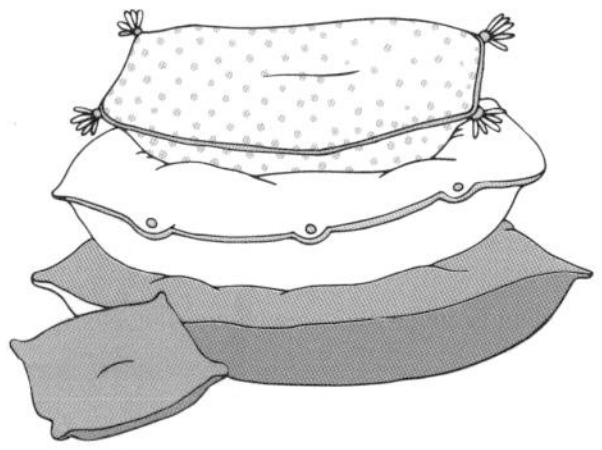

- 특별히 자주 사용하는 애정템이 있나요? 꼭 임산부 아이템이 아니어도 좋아요! 음악을 들을 때 사용하는 헤드폰, 새로 산 신발이나 옷 등 나중에 아이가 크면 소개해 주고 싶은 3가지의 베스트 아이템을 생각해 보고, 사진을 붙여 보세요. 아이가 이 사진을 볼 때쯤이면 추억의 아이템이 되어 있을지도 몰라요!

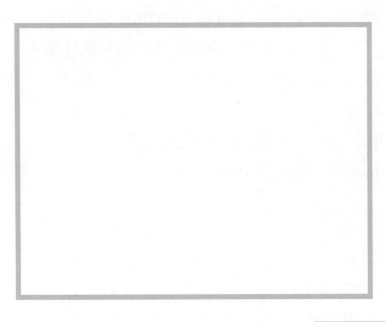

* 이 물건의 이름은?

* 엄마는 이럴 때 이걸 사용했어!

* 이 물건의 이름은?

* 이 물건은 이래서 유용해!

* 엄마는 이 색을 좋아해!

* 이 물건의 이름은?

* 이 물건의 가격은?

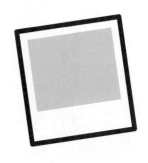

태교 한 장 Day 29

[너에게 쓰는 편지] 10살의 너에게

- 무럭무럭 자라 10살이 된 나의 아이에게, 어떤 이야기를 하고 싶나요? 아래 항목을 읽어 보면서 내용을 채워 보고, 추가로 쓰고 싶은 내용을 적어 보세요.

10살이 된 나의 아가 ________ (이)에게
(태명)

너를 낳은 지 10년 차가 되었다니, 참 ________________ .
ex)시간이 빠르게 지나갔구나.

이제 막 10대가 된 너는 한창 ________________ 하겠지.
ex) 또래 친구들을 좋아

학교에서는 교과서도, 숙제도 많아지는 등 여러 변화를 맞이하게 될 거야.

중간 학년이 된 만큼 ________________ .
ex) 걱정이 될 수도 있어. / 키도 크고 의젓해져 있겠지.

엄마는 언제나 너의 편이니 힘든 일이 있다면 털어놓으렴.

사랑하는 ________ !
(태명)

열 살이 된 너는 앞으로 가능성이 아주 많은 새싹과도 같아.

나중에 커서 되고 싶은 꿈이 있다면 ________________ .
ex) 편하게 엄마에게 이야기해 주렴.

아마 앞으로 시간은 더 빠르게 흐른다고 느끼게 될 거야.

빨리 어른이 되고 싶다는 생각이 들 수도 있지.

그럴 때는 ______________________________.

ex) 앞으로 펼쳐질 미래를 자유롭게 상상해보렴.

좋아하는 장난감은 생겼니? 친구들과는 잘 지내지?

너의 사소한 것이 궁금하지만 ______________________________.

ex) 비밀이 있다면 너무 깊은 얘기는 묻지 않을게.

그래도 ______________________________.

ex) 혼자서 견디기 힘든 일이 생긴다면 꼭 알려주길 바라.

이제는 어엿한 (소년/소녀)이(가) 되었으니,

매일의 일상을 즐겁게 보내며 행복한 하루를 만들어 나가자.

사랑한다, 아가야.

20　　년　　월　　일 엄마가

태교 한 장 Day 30 [만날 날을 준비해요] 아이에게 필요한 것 (3)목욕

- 아래 항목을 보면서 우리 아이에게 필요한 것과 불필요한 것을 나누어 보고, 세부 내용을 정리해 보세요.

항목	브랜드	수량	구매(예정)일	금액
신생아용 욕조				
아기 헹굼욕조				
아기 손수건				
욕조 클리너				
아기 비누				
아기 바디워시				
아기 샴푸				
탕온계				
아기비데				
샤워필터				

항목	브랜드	수량	구매(예정)일	금액
수전				
아기 천수건				
아기 로션				
베이비 오일				
기저귀 발진 크림				
엉덩이 파우더				
아기 목욕용품 수납함				
신생아용 손톱가위				
신생아용 핀셋				
아기용 손톱깎이				
신생아용 면봉				
아기 욕조의자				

- 아래 빈칸에 아기의 태명을 넣은 후, 소리 내어 엄마 목소리로 읽어 주세요.

오늘은 (   )(이)의 네 번째 이야기야.

평화로운 어느 날이었어요.
튼튼한 심장 소리와 함께 새롭게 탄생한 (   )(이) 왕국의 백성들은 선물을 가져오기 시작했습니다.

"(   )(이)님께서 좋아하실 만한 선물을 가져왔답니다."
"(   )(이)님, 이 선물을 가지고 우리 왕국을 잘 통치해 주세요!"

그렇게 백성들의 마음이 담긴 선물이 하나둘 집 앞에 쌓였습니다. (   )(이)는 선물을 곳간에 잘 정리해 두기 위해 조심스럽게 하나씩 풀어 보았습니다. 각종 선물 상자에는 이름이 적혀 있었기 때문에 그것이 무엇인지 추측할 수가 있었어요.

"팔다리라고 쓰인 선물이네? 이게 무엇일까?" (   )(이)는 포장지를 바로 뜯어 보았습니다. 그때, 상자 안에 있던 어떤 것이 (   )(이)에게로 날아와 팔과 다리가 되었습니다. 마치 번데기 모양과도 같았던 (   )(이)의 몸이 완전히 변한 것이지요!

"이제 나는 걸을 수 있게 될 거야!" (   )(이)는 새롭게 생겨난 팔다리를 자유롭게 움직이며 즐거워했습니다.

"눈코입이라고 적힌 이것은 무엇일까?" (   )(이)가 선물 상자를 뜯으며 말했습니다.

곧이어 (   )(이)에게는 또 다른 변화가 나타나기 시작했습니다. 평평했던 얼굴에 두 개의 작은 골이 생기더니, 그 자리는 점점 깊어지며 눈이 되었습니다.

눈 아래쪽에는 두 개의 구멍이 생겨났는데, 그것은 곧 코가 되었고, 바로 아래에는 입도 생겼습니다. 처음에는 작고 귀여웠던 것들이 점점 커지며 자라고 있었습니다.

새로운 변화에 신이 난 (　　　)(이)는 몸을 마구 움직이며 춤을 췄습니다.

하지만 변화는 여기서 멈추지 않았습니다. 선물 상자 중 '생식기'라고 적혀 있는 것을 풀어 보니, 몸의 다른 부분에서도 새로운 것이 생기고 있었거든요.

"이것은 무엇일까?" (　　　)(이)는 자신의 가랑이 사이를 보며 궁금해했습니다.
무언가 톡 튀어나온 것이 보였지만, 아직 그것이 무엇인지는 알 수 없었지요.

(　　　)(이)는 마지막 선물 상자를 살펴보았습니다. 마지막 상자는 집 안을 꽤 차지할 정도로 엄청나게 컸지만 이름은 적혀 있지 않았고, 상자의 오른 귀퉁이에는 작은 줄 하나가 보였습니다. (　　　)(이)는 그 줄을 잡아당겼습니다.
그러자, 그 줄은 (　　　)(이)의 몸과 공간을 연결해 주었습니다.

줄과 하나가 됨을 느낀 (　　　)(이)는 무언가 줄을 통해 (　　　)(이)에게 전달되고 있다는 것을 깨달았습니다. 그것은 바로 음식이었어요!
"앞으로는 이 줄을 통해서 맛있는 음식을 먹을 수 있겠어!"

며칠 동안 생긴 모든 변화로 인해 (　　　)(이)는 몸집이 더 커졌습니다.
이제 (　　　)(이) 왕국의 진정한 왕이 된 것이지요.

"(　　　)(이)님, 당신은 정말 멋진 왕이 되었어요!" 백성들이 (　　　)(이)를 보며 외쳤습니다.

"모두의 도움 덕분이에요. 이제 우리는 함께 이 왕국을 키워 나갑시다!"
(　　　)(이)는 앞으로의 나날들이 무척 기대되었습니다.

태교 한 장 Day 32

[그림 그리기] 너의 태몽은

태몽(胎夢)은 아이가 태어나기 전에 부모나 가족이 꾸는 꿈으로, 임신이나 출산을 암시하는 신비한 꿈입니다. 주로 한국, 일본, 중국 등의 동아시아 문화권에서 아이의 출생 및 운명과 관련되어 있다고 여겨지곤 하지요.

태몽은 매우 다양한 상징으로 나타날 수 있으며, 그 해석 또한 상징에 따라 다릅니다.

* 동물 태몽
- 호랑이 : 강하고 리더십이 뛰어난 남자아이
- 용 : 권위와 부를 가진 성공적인 삶을 살 아이
- 뱀 : 지혜롭고 재능이 뛰어난 아이
- 돼지 : 부유하고 넉넉한 삶을 살 아이
- 물고기 : 건강하고 번영한 삶을 살 아이

* 과일 태몽
- 사과, 배 : 건강하고 순수하며 따뜻한 아이
- 감 : 학문적으로 뛰어난 아이
- 포도 : 여러 형제나 자매를 갖게 될 훌륭한 아이
- 복숭아 : 외모가 수려한 여자아이

* 자연 태몽
- 맑은 하늘, 별 : 밝고 순수한 성품을 가진 아이
- 바다, 강 : 매우 강하고 건강한 아이
- 나무, 꽃 : 잘 성장하고 풍요로운 삶을 살 아이 (꽃-여자아이)

이 밖에도 화려한 색이나 빛, 작은 크기이거나 여러 개이면 딸, 크기가 크거나 적은 개수는 아들을 암시한다고 여겨집니다.

- 태몽은 각 나라의 문화나 개인의 신념에 따라 해석이 다를 수 있지만, 일반적으로 아이의 탄생에 대한 축복과 기대를 담은 상징적인 의미를 지니고 있습니다.

꿈의 내용에 따라 무조건적으로 아이의 미래를 점치거나 예견하기 보다는, 엄마의 기대와 희망이 담긴 행복한 꿈이 될 수 있도록 기분 좋게 태몽을 떠올려보도록 해요.

우리 아이의 태몽은 누가 꾸었고, 어떤 꿈이었는지 자세히 적어본 후 그림으로 표현해 보세요!

* (   )(이)의 태몽 이야기

태교 한 장 Day 33

[음악 들려주기] 요즘 유행하는 음악

우리 아이의 태교를 위해서는 무조건 '클래식'과 같은 편안한 음악만 들어야 하는 것일까요?

요즘 유행하고 있는 대중음악을 태교 음악으로 선택해 듣는 것도 여러 장점을 가질 수 있습니다.

유행 음악은 장르가 다양하고 대부분 친숙한 멜로디와 구조로 되어 있으며, 대체로 활기차고 긍정적인 감정을 불러일으킵니다. 특히 강렬한 비트와 리듬 패턴을 가진 음악은 태아의 뇌를 자극하고 신경 회로를 강화하는 데 도움을 줄 수 있지요.

또한 유행하는 음악에는 실제로 엄마가 좋아하는 곡도 다수 들어있을 가능성이 높습니다. 따라서 유행 음악을 들려준다면 태교 활동이 더욱 즐겁게 느껴지고 아기와 긍정적인 유대감을 형성할 수 있게 되겠지요.

이제 즐거운 마음으로 유행 음악을 즐겨 봅시다.

지금 음악 앱 등을 활용하여 유행 음악을 검색해 보세요!
어떤 음악이 있는지 적어볼까요?

- 앞에서 찾아보았던 음악 리스트를 살펴보며 가장 마음에 드는 곡 1개를 선정하여 '음악 감상문'을 써 보세요. 음악 감상문은 듣는 음악에 대한 주관적인 경험과 감상평을 기록하는 글로, 멜로디와 가사 등을 음미해서 감상할 수 있도록 하므로 해당 음악을 다각적인 각도로 바라볼 수 있게 합니다.

오랜 시간이 흐른 뒤 기록한 내용을 살펴보면 이 음악이 엄마에게는 즐거운 태교 추억으로 자리 잡고 있을 거예요.

* 곡명 :   * 아티스트 :

* 앨범 정보 :

* 처음 들었을 때의 느낌

* 음악적 요소 분석

  - 멜로디

  - 가사

  - 곡의 분위기

  - 아티스트의 역량

  - 음악의 메시지

태교 한 장 Day 34

[문제 풀어 보기] 미스테리 수수께끼 2

- 엄마의 적극적인 두뇌 활동은 태아의 두뇌 발달에도 좋은 영향을 주지요. 미스테리한 수수께끼 문제를 풀어 보는 것은 어떤가요? 아래 이야기를 꼼꼼히 읽어 본 후 추리를 통해 범인을 맞춰 보세요.

탐정 제임스는 로키 부부의 이야기를 들은 후, 이번 사건이 단순한 실종 사건이 아니라는 사실을 깨달았습니다. 그는 다시 한번 저택을 샅샅이 조사하기 시작했지요.

저택 안에는 여러 방이 있었고, 제임스는 하나하나 세심하게 살펴보았습니다. 하지만 아기를 찾을 수 있는 단서는 쉽게 보이지 않았어요.
그러던 중, 제임스는 저택의 서재에서 벽에 걸린 그림 뒤에 숨겨진 또 다른 비밀 문을 발견했습니다.

"역시 무언가가 있었군." 그는 조심스럽게 문을 열고 안으로 들어갔습니다.

해당 문은 작은 다락방과 연결되어 있었고, 그곳에는 로키 부부와 이웃들이 함께 찍은 사진들이 있었습니다. 사진을 찬찬히 살펴보니 눈에 띄는 사진이 하나 보였습니다. 옆집에 사는 브라운 부부와 로키 부부가 브라운 부부의 정원에서 함께 찍은 모습이었지요. 브라운 부부의 집은 바로 로키 저택 옆에 자리 잡고 있었습니다.

다락방의 창문을 통해 길을 살펴보니, 브라운 부부네 정원과 로키 부부의 다락방이 아주 가깝다는 사실을 알 수 있었습니다. 탐정 제임스는 브라운 부부와 로키 부부가 정원에서 찍은 사진을 다시 한번 유심히 살펴보았습니다.

사진 속 정원에는 많은 장난감과 아기용품들이 놓여 있었습니다. 브라운 부부에게도 아기가 있었기 때문이지요. 또한, 사진 속 한쪽 구석에는 강아지를 위한 작은 문이 보였습니다.

"브라운 부부를 조사해 보아야 할 것 같네요." 제임스가 말했습니다.

로키 부부는 당황한 듯 보였지만, 아기를 찾기 위해 제임스의 제안에 동의했습니다. 그들은 곧바로 브라운 부부의 정원으로 향했습니다.

정원에 도착한 제임스는 사진 속 작은 문을 찾았습니다. 하지만 그 문은 너무 작았기 때문에 도저히 통과해서 지나갈 수가 없는 구조였습니다. 결국 그들은 초인종을 눌렀습니다.

잠시 후 브라운이 문 앞에 나타났습니다.
"로키! 무슨 일이야?"
"브라운, 우리 아기가 혹시 여기 있니?"
"그럴 리가! 난 저녁으로 먹을 미트볼 스파게티를 요리하고 있었는걸?"

그런데 그때, 아기의 울음소리가 들렸습니다.
어떻게 된 것이었을까요?

*정답 : 로키 부부의 아기는 로키 부부의 서재와 다락방 문, 브라운 부부의 강아지 문이 열려있자 혼자 브라운 부부네 정원으로 기어간 것이었다.

제임스 부인이 로키네 부부의 아기를 안고 나타났습니다.
"아기는 아직 호기심이 많고, 때로는 예상치 못한 행동을 하지요. 아마도 강아지 문이 열린 것을 틈타 우리 정원으로 기어 온 것 같아요. 남편이 부엌에서 요리하는 동안 강아지에게 밥을 주려고 나왔다가 아기를 발견했지요."

로키 부부는 안도의 한숨을 내쉬며 아기를 꼭 품에 안았습니다.
로키 부부 아기 실종 사건은 이렇게 무사히 해결되었고, 제임스는 자신의 뛰어난 탐정 능력을 입증하게 되었네요.

태교 한 장 Day 35

[영어로 말해요] 여행을 갈 거야

- 아래 내용의 빈칸을 채워 보고, 소리 내어 읽어 보세요.
  더 쓰고 싶은 내용이 있다면 내용을 추가해도 좋아요!

There are so many places I want to visit with you.
너와 함께 가고 싶은 곳들이 정말 많아.

In the spring, we'll take a lovely walk by (장소).
봄에 우리는 (ex. the Han River / 한강)을 따라 산책을 할 거야.

You'll see (볼 수 있는 것).
너는 (ex. blooming flowers and trees / 피어나는 꽃과 나무들을) 볼 수 있겠지.

We'll (할 수 있는 것) together.
우리는 함께 이런 일을 할 거야.
(ex. enjoy fresh air and have a meal / 신선한 공기를 즐기고 밥을 먹을 거야.)

In the summer, we'll have fun (in/at 장소).
여름에 우리는 (ex. at the beach / 해변에서) 재미있게 놀 거야.

We'll (할 수 있는 것).
우리는 (ex. build sancastles and swim in the ocean / 모래성을 쌓고 바다에서 수영을) 할 거야.

Just thinking about it is exciting, isn't it?
생각만 해도 재미있겠지?

In the autumn, we'll go on a trip to see
(여행을 가서 볼 것).
가을이 되면, 우리는 (ex. the colorful leaves / 단풍을) 보러 여행을 갈 거야.

We'll walk through forests filled with red, yellow, and orange leaves. You'll also hear the crunch of leaves under our feet.

우리는 빨강, 노랑, 주황색 단풍으로 가득한 숲을 걸을 거야. 또한 발밑에서 바스락거리는 낙엽 소리도 듣게 될 거야.

If it snows in winter, we'll visit (장소).

눈이 내리는 겨울이 된다면, (ex. a ski resort / 스키장에) 방문할 거야.

You'll be able to see the snowflakes falling gently from the sky.

너는 하늘에서 부드럽게 내리는 눈송이를 볼 수가 있겠지.

I'm excited for the day when you're grown up and we can enjoy all these trips together.

네가 자라서 이 모든 여행을 함께할 날이 기대가 되는구나.

'기쁨'이란 긍정적이고 만족스러운 감정으로, 행복감과 즐거움을 동반합니다. 사람은 기쁨을 통해 삶의 질을 높이고 스트레스나 불안감을 줄이며 몸과 마음에 활력을 만들기도 하지요.

내가 기뻤던 순간을 기록하여 작은 행복을 글로 남겨 둔다면, 좋은 감정을 더욱 증폭시켜 즐거운 임신 기간을 보낼 수 있게 될 거예요.

아래 기쁨 일기 예시를 보고 나의 기쁨도 구체적으로 작성해 볼까요?

루나엄마와 아들 하품이의 기쁨 일기

20**년 **월 **일 더운 여름 어느 날

오늘 아침에는 알람 소리 없이도 일어날 수 있었다.
하품이가 먼저 일어났는지 배 안에서 나를 깨워주었기 때문이다.
귀여운 하품이, 배 속에서도 이렇게 활발하다니!!
건강한 아이인 것 같아 기쁘다.

임신성 당뇨로 인해 두 달째 당뇨식 식단으로 초식 동물과 같은 삶을 살고 있지만, 그 안에서도 맛있는 음식들을 찾았다!

언제 먹어도 맛있는 파스타는 먹고 나서도 당이 많이 오르지 않는다.
달콤한 복숭아도 나에게 잘 맞았다. 내가 좋아하는 음식이라 기쁘다.
맛있게 먹으니 하품이도 기분이 좋았는지 춤을 추는 것 같다.

벌써 아기를 만날 날이 한 달 정도밖에 남지 않아 하루하루 설레고 기쁘다.
엄마에게 늘 웃음을 주는 하품이는 존재 자체가 기쁨이다!
오늘의 이 기뻤던 순간을 나중에 하품이가 크면 꼭 들려주어야지.

- 기쁨은 우리 삶의 원동력이 되는 중요한 역할을 하는 감정이지요. 따라서 구체적으로 작성해 둔다면 힘든 일이 생겨도 이때를 돌이켜 보며 내 자신으로부터 마음의 힘을 얻게 되는 순간이 오게 될 겁니다.

마음을 다스리기 위해 일상 속에서 기뻤던 순간을 떠올려 보고 자세히 내용을 적어 보도록 합시다.

* 날짜 :

* 오늘의 날씨 :

* 기쁨의 순간 1
(어떤 일로 인하여, 무엇 때문이었는지, 함께 한 사람은 없었는지 등 있었던 일을 감정이 드러나도록 자세히 기록해 주세요.)

* 기쁨의 순간 2

* 기쁨의 순간 3

사랑하는 사람을 만나 삶의 동반자가 되어 함께 세상을 살길 약속하고, 또 예쁜 아기를 품게 되기까지 엄마는 많은 이야기를 그려왔을 거예요. 오늘은 우리 아이에게 엄마와 아빠의 행복했던 사랑 이야기를 먼저 들려주도록 할게요.

* 엄마와 아빠는 어디서, 어떻게 만나게 되었나요?

* 엄마가 아빠에게, 아빠가 엄마에게 서로가 반했던 순간을 작성해 보세요.

* 엄마와 아빠가 기억하는 재미난 에피소드가 있다면 글로 표현해 보세요.

* 엄마와 아빠가 가장 행복했던 순간은 언제인가요?

* 여행, 기념일 등 엄마와 아빠가 함께 만든 소중한 추억이 있다면 어떤 것이 있을까요?

엄마와 아빠의 사랑 이야기 속에서 우리 아이는 그 사랑의 열매로 엄마 배 속에 자리 잡게 되었습니다. 훗날 엄마, 아빠의 사랑을 듬뿍 받으며 자라날 우리 아이도 나중에는 타인을 '사랑'하며 크게 될 거예요.

인간의 삶에서 가장 중요한 감정 중 하나인 '사랑'에 대해 아이에게 이야기 해보도록 해요!

- 사랑은 단순한 호감의 느낌을 넘어 상대방을 생각하는 복잡하고도 깊은 감정입니다. 아이가 이런 감정을 느끼게 될 때쯤이라면 많은 사람들과 사회적 관계를 만들어 보기도 하고, 또 그 안에서 자신을 찾기도 하며 다양한 경험을 통해 성장하고 있을 거예요.

나의 아이가 누군가를 좋아한다고 이야기한다면 엄마는 어떤 조언을 할 수 있을까요? 인생의 선배이자 든든한 편이 되어 줄 엄마! 사랑에 대해 솔직하게 대화를 나눠볼 수 있도록 미래의 아이와 하고 싶은 이야기를 써봅시다.

* 아이에게 물어보고 싶은 질문

* 사랑에 대한 엄마의 신념 혹은 생각

* 사랑에 빠진 아이에게 꼭 해주고 싶은 조언

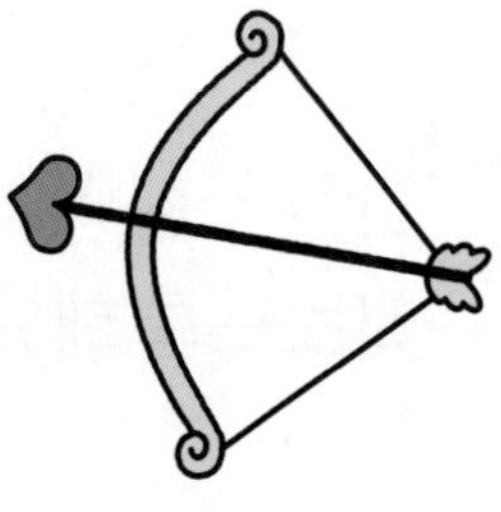

장난감은 아기의 신체, 인지, 정서 발달에 있어 매우 중요한 역할을 합니다. 따라서 장난감은 단순히 아기의 재미를 위한 도구가 아니라 아기의 전반적인 발달을 돕는 중요한 교육적 도구라고 할 수 있지요. 아기의 발달 단계별로 필요한 장난감은 무엇이 있는지 알아볼까요?

1. 신생아기(0~1개월)

이 시기의 아기는 세상을 처음 경험하며 시각, 청각, 촉각이 발달합니다. 선명하게 색상을 인식하긴 어려운 단계이므로 흑백 초점책, 흑백 모빌, 촉각을 자극하는 인형 등을 사용하는 것이 좋습니다.

2. 영아기 초기(1~3개월)

이 단계에서는 아기가 점점 더 많이 깨어 있고, 주변을 탐색하려고 합니다. 목을 들어 올리거나 손을 입으로 가져가는 등 점차 신체 조절 능력이 발달하는 때이므로 딸랑이, 컬러 모빌, 사운드 장난감 등을 활용해 놀 수 있는 환경을 만들어 주어야 합니다.

3. 영아기 중기(3~6개월)

이 시기의 아기는 손과 발을 자유롭게 움직이며, 물건을 잡고 탐색하는 능력이 빠르게 발달합니다. 또한 뒤집기와 같은 더 복잡한 신체 활동을 시작하지요. 따라서 치발기나 촉감이 부드러운 패브릭 책, 사운드 장난감을 활용하기 좋습니다.

4. 영아기 후기(6~9개월)

아기는 앉기 시작하고, 기어다니는 등 운동 능력이 향상됩니다. 손을 활용해 더 복잡한 행동을 하게 되므로, 쌓을 수 있는 쌓기 장난감이나 밀고 끌 수 있어서 아기의 균형을 잡아주는 장난감, 다양한 소리를 내는 악기 장난감 등을 통해 발달을 자극시켜 주세요.

- 엄마가 영유아기 시기의 아기와 함께 시간을 보내며 장난감을 가지고 노는 것은 깊은 정서적 유대감을 형성하고 자연스럽게 언어 발달을 촉진하며, 인지 및 사고 능력 발달에 매우 큰 영향을 주게 됩니다.

엄마와의 놀이 시간은 곧 아기에게 중요한 학습과 성장의 시간이라는 것이지요.

우리 아이가 즐겁게 놀며 성장할 수 있도록 만들어 주는 '장난감'!
어떤 것을 준비해야 할지 생각해 보았나요?

이미 구매했거나 계획된 장난감이 있다면 아래 빈칸에 사진을
찍어 남겨두도록 해 보세요.

- 무럭무럭 자라 15살이 된 나의 아이는 어떤 변화를 겪고 있을까요?
  아래 항목을 읽어보면서 내용을 채워 보고, 추가로 쓰고 싶은 내용을 적어보세요.

15살이 된 나의 아가 ____________ (이)에게
(태명)

네가 벌써 사춘기를 겪는 시기가 다가왔구나. 중2병이라고도 하지.

놀랍겠지만 엄마와 아빠도 너와 같은 시절이 있었어.

그때의 엄마는 ____________________
ex) 당시 유행하는 아이돌 가수를 쫓아다니기도 했지.

학교 공부는 더 어려워지고, 친구와 복잡미묘한 사이가 되기도 하는 때이지.

그 시간이 중요한 이유는 ____________________
ex) 많은 시행착오를 겪는 시기이기 때문이야.

다만 네가 꼭 ____________________
ex) 다른 사람에게 상처를 주는 행동은 하지 않았으면 좋겠어.

사람은 언제나 배우면서 성장한단다.

뜻대로 되지 않는 일이 있다면 ____________________
ex) 분명 이유가 있을 거야.

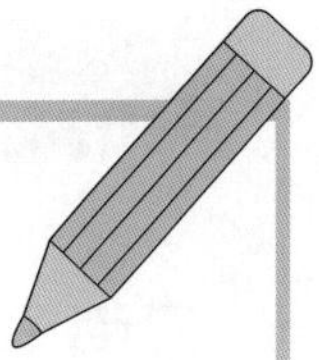

학업 스트레스도 가장 커지는 때가 되겠구나.

공부란 ______________________________

ex) 끝이 없는 파도 속에서 헤엄을 치는 것처럼 느껴지지만, 인생에 자산이 되지.

학년이 올라갈수록 더욱 더 다양한 일이 펼쳐질 거야.

너의 재미있는 인생 이야기는 지금부터가 시작이란다!

언제 어느때나 ______________________________

ex) 엄마는 네 편이라는 걸 꼭 잊지 말고 힘든 일이 있다면 털어놓으렴.

늘 건강하고 행복하게 살면서,
세상에서 가장 즐거운 열다섯살을 잘 맞이할 수 있길.

사랑한다, 아가야.
20 년 월 일 엄마가

태교 한 장 Day 40 [만날 날을 준비해요] 아이에게 필요한 것 (4)이동, 외출

- 아래 항목을 보면서 우리 아이에게 필요한 것과 불필요한 것을 나누어 보고, 세부 내용을 정리해 보세요.

항목	브랜드	수량	구매(예정)일	금액
신생아 카시트				
신생아 유모차				
아기띠				
아기 전용 물티슈				
아기 담요				
차량 햇빛 가리개				
휴대용 선풍기(여름)				
보온병				
일회용 분유소분통				
기저귀 가방				

- 아기를 데리고 외출할 때 추가로 필요한 항목을 정리해 보세요.

항목	브랜드	수량	구매(예정)일	금액
신생아용 건티슈				
액상 분유				
손 소독제				
휴대용 비누				

- 아래 빈칸에 아기의 태명을 넣은 후, 소리 내어 엄마 목소리로 읽어 주세요.

(   )(이)의 다섯 번째 이야기 시간이 돌아왔어. 잘 들어 줄래?

매일같이 맛있는 음식을 먹고 낮잠을 푹 자고 있던 어느 날, (   )(이)는 무언가 진동을 느끼며 일어났어요. (   )(이)가 살고 있던 집이 조금씩 흔들리는 것이 느껴졌지요.

"집이 갑자기 무슨 일로 움직이고 있는 걸까?" 눈이 동그래진 (   )(이)는 집 안 곳곳을 돌아다니기 시작했습니다.

하지만 이내 걱정은 사라졌습니다. 알고 보니, (   )(이)의 몸집에 맞게 집이 조금씩 커지고 있던 것이었어요!

"집이 넓어지고 있는 것이었구나! 우리 왕국도 더 커지고 있어!"
신이 난 (   )(이)는 몸을 한껏 펼쳐 누워 큰 집의 아늑함을 느꼈습니다.
그러다 자신의 배와 연결된 줄과 공간이 커진 모습도 발견했지요.

엇? 그런데, 배 아래에 생겼던 무언가가 자리를 잡은 것이 보이네요!
그것은 (   )(이)가 남자인지 여자인지를 알려 주는 생식기였습니다.

"내가 이렇게 쑥쑥 커진 걸 알면 엄마가 정말 기뻐하실 거야!"
뿌듯한 미소와 함께 (   )(이)는 (남자/여자)가 된 자신의 생식기를 드러내 보았습니다.

(   )(이)는 왠지 모르게 엄마가 자신을 바라보고 있는 것 같아 수줍기도, 자랑스럽기도 했어요.

"엄마를 찾으러 가야겠어." 문득 엄마의 존재가 그리워진 (   )(이)는 집 안 곳곳을 탐험하며 엄마의 흔적을 찾아보기로 결심했습니다.

'똑똑!'

(   )(이)가 집 안의 벽을 가볍게 두드렸습니다. 그러자, 집이 출렁거리며 기분좋은 에너지가 줄을 타고 들어왔습니다.

"엄마가 이곳 어딘가에 계신 것 같아!"

(   )(이)는 반대편으로 걸어가더니 항상 몸을 기대고 있던 구석 쪽 벽을 두드려 보았습니다.

'똑똑똑!'

이번에도 (   )(이)에게 대답하는 듯, 집이 부드럽게 움직였습니다.

"엄마가 날 지켜보고 있었나 봐!" (   )(이)는 점점 더 큰 모험심을 가지고 집안 구석구석을 똑똑 두드리고 확인하며 탐험을 이어갔습니다. 어느 한 곳을 두드릴 때는 기분 좋은 에너지가 줄을 통해 가득 전달되었고, 또 다른 곳에서는 마치 춤을 추듯 집이 움직이는 느낌을 받기도 했습니다.

"엄마, 아빠! 보고 싶어요! 열심히 쑥쑥 커서 밖으로 나가겠어요!"

(   )(이)에게는 새로운 목표가 생겼습니다. 자신을 기다리고 있을 부모님과 건강하게 만나는 것이었지요.

그렇게 나중을 기약하며, (   )(이)는 계속해서 커지고 있는 집 안 탐험을 멈추지 않았습니다.

길다면 길고, 짧다면 짧게 느껴지는 열 달 동안의 임산부 생활!

어느 날은 화창한 날씨에 설레는 하루가 되기도 하고, 창밖을 돌아볼 여유 없이 지나가는 날도 있겠지요.

일상을 살면서 나에게 꼭 하루에 한 번은 잠시 하늘을 바라보는 시간의 여유를 주도록 하세요.

* 햇빛이 쨍쨍한 하루
가만히 있어도 기분이 좋아지는 날씨이지요? 가볍게 산책을 다녀오는 것은 어떤가요? 친구를 만나거나 예쁜 사진을 기록으로 남겨두어 추억을 쌓아 보세요!

* 구름 가득, 흐릿한 날
흐린 날씨는 마음을 차분하게 만들어 주지요. 차 한 잔을 준비해 창가에 앉아 보세요. 밖의 흐릿한 풍경을 보며 마음을 가다듬고, 조용히 음악을 듣거나 좋아하는 책을 다시 읽어보는 것도 좋습니다.

* 주룩주룩 비가 온다면
빗소리는 마음을 안정시키는 힘이 있어요. 비가 오는 창밖을 구경하다 보면 시간 가는 줄 모를 거예요. 편안한 자세로 빗소리를 들으며 명상을 하거나 아기에게 편지를 써보는 건 어떨까요?

* 너무 덥거나 추운 날
날씨가 너무 덥거나 춥다면 집 안에서 시간을 보내는 것이 좋겠지요. 시원한, 혹은 따뜻한 실내에서 스트레칭이나 가벼운 요가를 하며 몸의 피로를 풀어주세요.

- 지금 창문을 열고 밖을 구경해 보세요. 오늘 날씨는 어떠한가요?
  눈을 감고 깊은 숨을 쉬며 날씨를 느껴보세요.

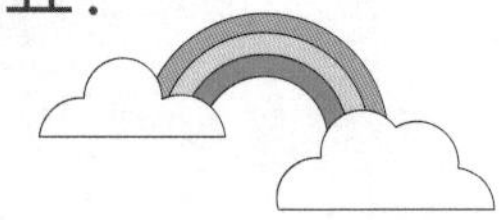

하늘과 땅, 지나다니는 사람들을 살펴보고 풍경이 잘 보이도록 오늘의 날씨를 그림으로 표현해 보아요.

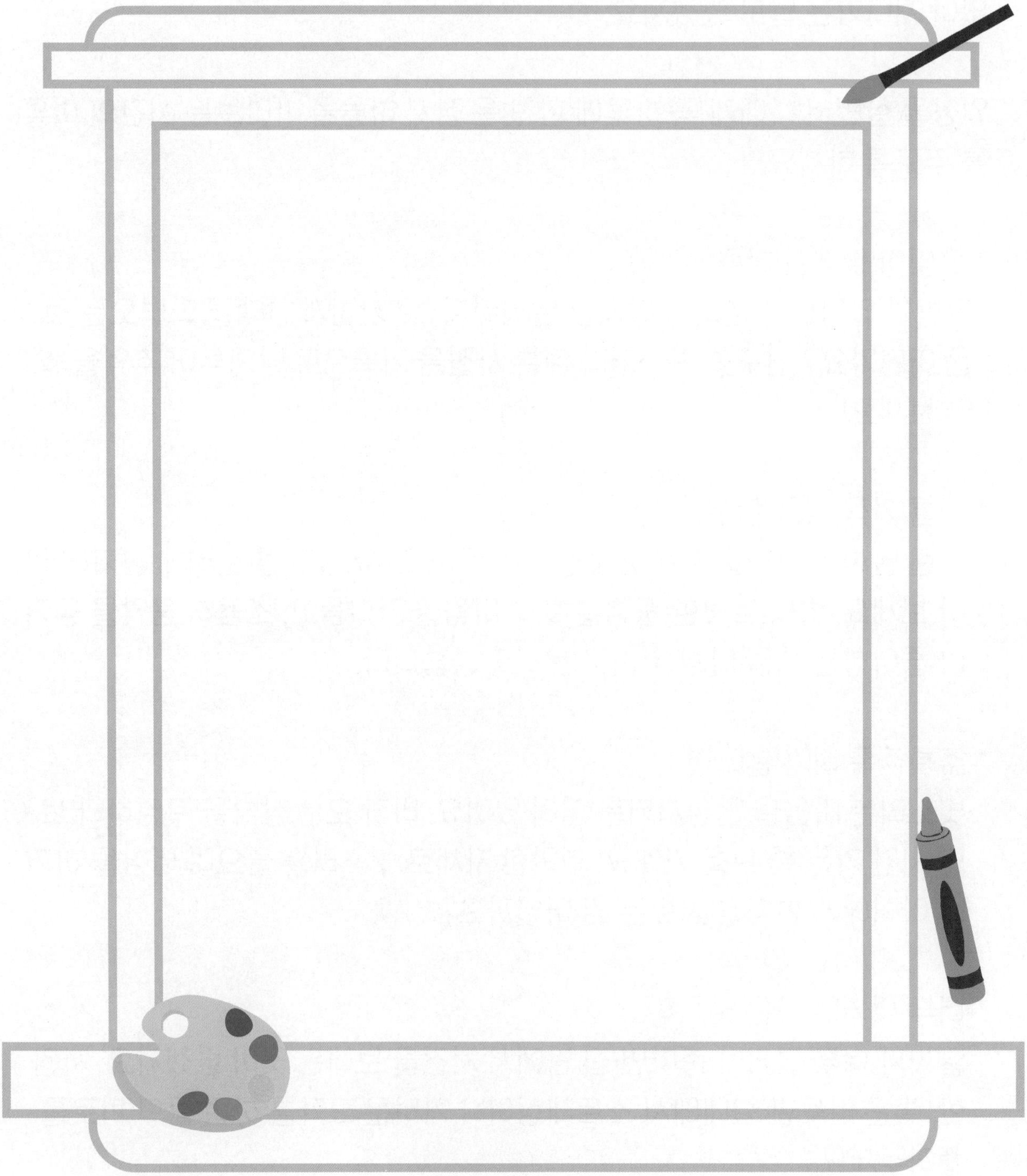

오늘은 조금 특별한 음악을 아기에게 들려줄 거예요. 바로, 엄마가 좋아하는 자신의 애창곡을 개사하여 엄마와 아기만의 노래를 선물해 보는 것이지요. 일반적인 태교 음악이 아니므로 엄마와 아기 모두에게 특별한 추억이 될 것입니다.

1. 곡 선택하기
 - 엄마가 좋아하는 곡이나 편안한 분위기를 가진 곡을 선택해 보세요. 가사가 의미 있거나 여유 있는 리듬을 가진 노래가 태교에 적합해요!
 - 자주 듣던 노래나 감정이 풍부하게 담겨 있는 곡일수록 개사 작업이 즐거워지고, 더 자연스럽게 부를 수 있을 거예요.

2. 가사 개사하기
 - 원래 노래의 주제가 풍부하고 따뜻한, 사랑 위주의 감정을 담고 있지 않다면 아기에게 사랑을 표현하는 가사를 듬뿍 넣어주세요.
 - 아기가 태어날 미래를 상상하거나, 아기를 향한 바람과 사랑을 가사에 녹여보세요.
 - 복잡한 리듬은 가급적 간단하게 바꾸고, 노래를 부를 때 목소리가 너무 높거나 낮지 않도록 조정해 보세요.

3. 개사한 노래 불러주기
 - 개사한 곡을 반복적으로 불러보세요. 자주 부를수록 아기는 엄마의 목소리에 익숙해지고, 청각 발달에도 좋은 영향을 줄 거예요.
 - 가사와 음정이 완벽해야 할 필요는 없어요! 엄마의 마음이 가장 편안한 상태에서 불러주는 것이 중요하답니다. 가끔 아기에게 말을 걸거나 태명을 넣어 부르면 더 친근감을 줄 수 있어요.
 - 노래를 부를 때, 손뼉을 치는 등 간단한 리듬을 곁들이면 아기에게 더 다양한 소리 자극을 줄 수 있답니다.

1. 엄마의 애창곡은 무엇인가요? 곡명과 가사를 연필로 적어 보세요.

2. 위에 적어놓은 가사를 읽어보며, 개사하고 싶은 부분에 밑줄을 그어 보세요.
해당 곡에 어떤 의미를 더하고 싶나요?

3. 밑줄 그은 부분을 지우개로 지운 후, 멜로디에 맞게 다른 단어로 채워 개사를 완성해 보세요. 한 소절씩 따라 부르며 단어를 써 보는 것도 좋아요.

4. 아이가 잘 들을 수 있도록 교감하며 개사한 노래를 불러 보세요.

*** 아빠와 함께 노래해 보거나, 노래한 시간을 영상으로 남겨두는 것도 즐거운 태교 활동이 될 수 있어요!

- 엄마의 적극적인 두뇌 활동은 태아의 두뇌 발달에도 좋은 영향을 주지요.
  아래 문제를 풀어 답을 구해 보세요.

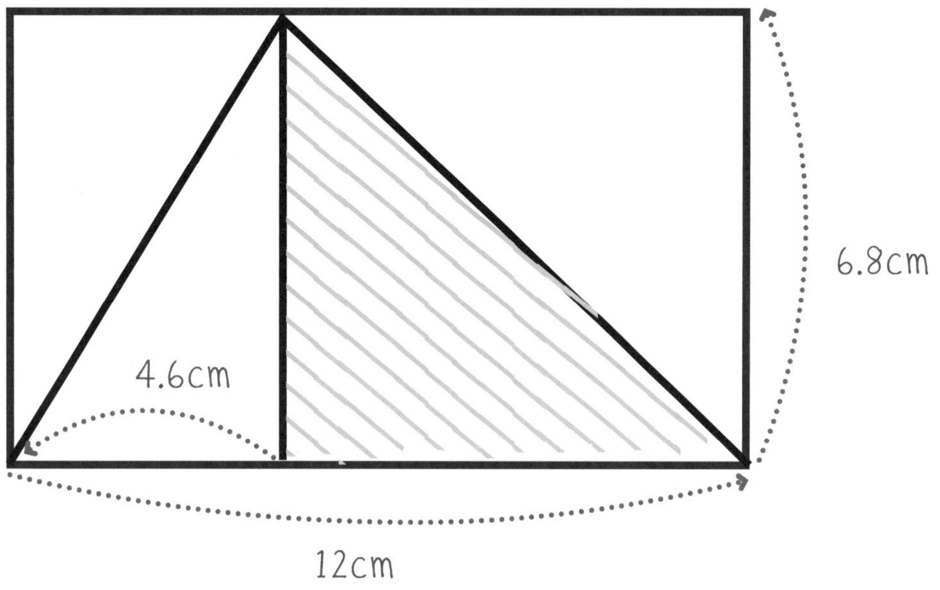

1. 전체 직사각형의 넓이는?

2. 해당 그림에서 찾아볼 수 있는 삼각형과 사각형은 모두 몇 개인가?

3. 빗금이 쳐진 삼각형의 넓이는?

＊ 정답
1. 12cm × 6.8cm = 81.6cm²
2. 삼각형 5개, 사각형 3개
3. 1/2×7.4cm×6.8cm = 25.16cm²

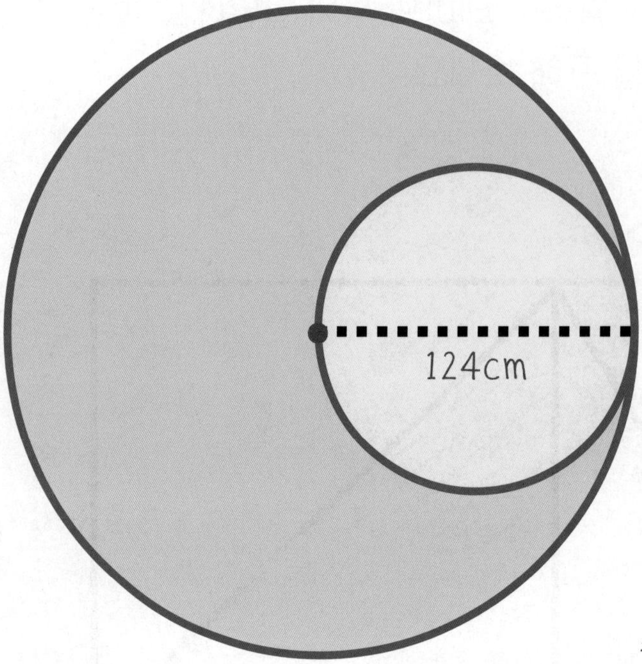

* 원주율 : 3.14

1. 작은 원의 넓이는?

2. 큰 원의 지름의 길이는?

3. (큰 원의 넓이) + (작은 원의 넓이)

* 정답

1. 원의 넓이 : 반지름 × 반지름 × 3.14
-> 작은 원의 반지름 : 62cm
따라서, 62cm × 62cm × 3.14 = $12070.16cm^2$
2. 124 × 2 = 248(cm)
3. 큰 원의 넓이 : 124cm × 124cm × 3.14 = $48280.64cm^2$
따라서, $48280.64cm^2$ + $12070.16cm^2$ = $60350.8cm^2$

- 다양한 언어 자극은 아이의 발달을 돕습니다. 아래 영어 동요를 살펴본 후 듣고 따라 불러 보세요. 라임과 리듬, 음정이 즐겁게 들리는 다른 영어 동요도 찾아 적어 볼까요?

Twinkle, Twinkle, Little Star

Twinkle, twinkle, little star, (반짝반짝 작은 별,)
How I wonder what you are! (당신이 무엇인지 궁금해요!)
Up above the world so high, (세상 위 높이 떠 있는,)
Like a diamond in the sky. (하늘의 다이아몬드처럼.)

Twinkle, twinkle, little star, (반짝반짝 작은 별,)
How I wonder what you are! (당신이 무엇인지 궁금해요!)

Mary Had a Little Lamb

Mary had a little lamb, (메리는 작은 양을 가지고 있었어요,)
Its fleece was white as snow; (그 양의 털은 눈처럼 하얐지요)
And everywhere that Mary went, (메리가 가는 곳마다,)
The lamb was sure to go. (양은 항상 따라갔어요.)

It followed her to school one day,
(어느 날 양이 학교까지 따라갔는데,)
Which was against the rule; (그건 규칙에 어긋났어요)
It made the children laugh and play, (아이들은 웃고 놀았어요,)
To see a lamb at school. (학교에서 양을 보는 게 재미있었으니까요.)

Cock-a-doodle-doo

Cock-a-doodle-doo!
(꼬끼오!)
My dame has lost her shoe,
(우리 아가씨가 신발을 잃어버렸어요)
My master's lost his fiddlestick,
(우리 주인은 바이올린 활을 잃어버렸어요)
And doesn't know what to do.
(그리고 어떻게 해야 할지 모르겠대요.)

칭찬은 뇌에서 도파민(쾌락과 보상을 담당하는 신경전달물질)을 분비하게 하는 중요한 역할을 합니다. 다양한 연구에서 칭찬은 개인의 자존감과 동기 부여, 정서적 안정, 학습 능력, 대인관계 등 여러 분야에 긍정적인 효과를 분명하게 보여주지요.

'나'를 칭찬하는 활동도 자존감과 스트레스 완화에 큰 도움을 줍니다.

오늘은 마음을 다스리는 활동의 한 가지로, 나를 칭찬하는 '칭찬 일기'를 써 볼 거예요. 아래 방법에 따라 어떤 내용을 작성할지 고민해 보세요.

1. 날짜와 시간 기록하기
   하루의 일과를 떠올려본 후, 내 자신을 칭찬할 만한 행동의 시간대를 기억해 날짜와 시간을 기록합니다.

2. 칭찬 행동 설명하기
   칭찬할 수 있는 구체적인 내용을 작성합니다. 행동의 동기, 함께 한 사람이 있었는지 등 자세하게 설명하는 내용을 담아 주세요!

3. 감정 떠올리기
   칭찬 행동을 한 후 나의 감정은 어떠했나요? 행동 전부터 후까지의 감정 변화를 떠올려본 후 글로 남겨 주세요.

4. 제 3자인 것처럼 칭찬하기
   내 자신을 칭찬하지만, 마치 타인을 칭찬하는 것처럼 칭찬 행동의 장점을 찾아 칭찬해 보세요. 앞으로 나 자신에게 바라는 점이 있다면 함께 적어 본다면 미래의 긍정적인 자아를 만드는 데 좋은 영향을 주게 될 거예요. 작성을 완료했다면, 소리내어 읽어보세요!

(예시) 2024 년 8 월 11 일 [Am/Pm] 11 : 00

* 나의 칭찬 행동
점심을 먹기 전에 태교한장을 풀고, 산후도우미 서비스 신청을 해두었다.

* 행동 후 나의 감정
모두 태어날 아이를 위해서 계획대로 실천한 것이어서 엄청 뿌듯했다.

* 제 3자인 것처럼 칭찬하기
계획적인 당신! 아이와의 미래를 위해 꼼꼼하게 준비하고 있군요. 대단해요!

---

20 년 월 일 [Am/Pm] :

* 나의 칭찬 행동

* 행동 후 나의 감정

* 제 3자인 것처럼 칭찬하기

100

인간은 사회적 동물로, 인생을 살며 많은 사람들을 만나고 부딪히며 살아갑니다. 자신의 삶에서 만나는 사람에게 고맙다는 표현을 하는 행동은 그 순간 타인과의 관계를 소중하게 만들지요.

연구에 따르면 감사의 표현은 개인의 정서에도 긍정적인 영향을 미친다고 합니다. 감사를 자주 표현하는 사람들은 스트레스를 덜 느끼고, 더 행복한 삶을 살 가능성이 크지요. 고마움의 표현은 타인에게뿐 아니라 자신에게도 정서적 안정과 행복감을 줄 수 있는 중요한 활동입니다.

엄마는 아이 인생에서 처음 만나는 선생님입니다. 미래의 아이가 감사한 때를 마주하게 된다면 고마움을 알고 표현하며 타인과 더불어 살아갈 수 있도록 다양한 표현법을 알려 주는 건 어떨까요?
우선 나 자신의 삶을 돌아보며 나의 감사 표현법을 떠올려 보도록 합시다.

* 엄마가 누군가에게 가장 크게 고마움을 느낀 때는 언제인가요?

* 그때 나는 상대방에게 어떤 방식으로 감사를 표현했나요?

* 일상에서 누군가에게 소소한 고마움을 느낄 때는 언제일까요?

* 감사를 표현하는 것이 힘들다고 느껴질 때가 있다면, 어떻게 그 감정을 극복할 수 있을까요?

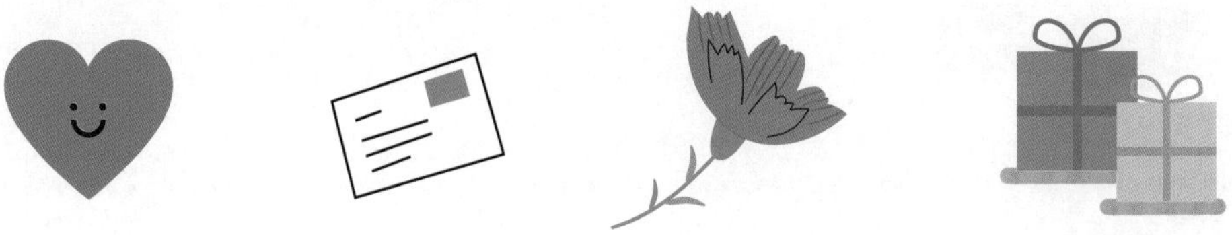

- 몇 개월 뒤 태어나 행복한 미래를 살아가게 될 우리 아이에게, 감사를 표현하는 방법을 알려주도록 해요.

* 엄마는 이럴 때 사람들에게 고마움을 느꼈어.
(크고 작은 고마움의 순간을 알려 주세요.)

* 고마움을 느낀 사람에게는 이렇게 표현을 해보았지.
(친구, 이웃, 선생님 등 구체적인 경험을 담아 주세요.)

* 고마움을 표현하는 말은 이렇게 해보렴.
(다양한 어휘를 활용해 보세요.)

* 엄마, 아빠에게는 이렇게 말해주렴.
(가족 간의 고마움 표현 방법을 알려 주세요.)

오늘의 스크랩북 대상은 우리 아이의 '아빠'입니다.

아빠의 어린 시절 사진을 스크랩하며 아이에게 다가올 순간들을 상상해보며 그 시절의 경험을 이해해보도록 해요.

아이가 자신의 가족의 역사를 시각적으로 보고 이해하는 나이가 된다면, 자신의 뿌리를 이해하고 가족의 소중함을 느낄 수 있게 될 거예요!

엄마 또한 과거 아빠의 어린 시절을 알아가며 부부 간의 관계도 더욱 깊어질 수 있답니다. 오늘은 아빠와 함께 여러 사진을 보고 이야기를 나누며 태교 활동을 해 보세요.

* 아빠의 과거 사진을 살펴보면서 아빠는 어떤 아이였는지, 어떤 놀이와 활동을 좋아했으며 어떤 꿈을 꾸는 아이였는지 이야기를 들어 보세요.

* 아빠와 함께 사진을 찍었던 가족과 친구들에 관한 이야기, 다양한 추억과 에피소드를 태담으로 들려주세요.

* 아빠의 어린 시절 모습을 보면서 미래의 아기를 상상해 보는 대화를 나누어 보세요.

* 아빠의 사진을 활용해 아빠가 주인공이 되는 창의적인 동화를 만들어 배 속 아기에게 들려주는 것도 재미있는 태교 방법이에요.

* 아빠의 성장 과정을 담은 사진을 차례로 배열하고, 아빠가 좋아하는 노래도 함께 들어 보세요.

- 나중에 아이에게 아빠의 예전 사진을 직접 보여 준다면 매우 흥미로워할 거예요. 아주 어렸을 때 사진부터 학창 시절, 결혼식 등등 아이에게 보여주고 싶은 아빠의 사진을 선별하여 붙여 보세요.

아빠와의 이야기 시간을 통해 들었던 에피소드와 설명도 덧붙여 볼까요?

* 날짜 :
* 아빠의 나이 :

* 날짜 :
* 아빠의 나이 :

* 날짜 :
* 아빠의 나이 :

* 날짜 :
* 아빠의 나이 :

태교 한 장 Day 49

[너에게 쓰는 편지] 20살의 너에게

- 어느 덧 20살이 된 나의 아이는 어떤 모습의 성인이 되었을까요? 아래 항목을 읽어 보면서 내용을 채워 보고, 추가로 쓰고 싶은 내용을 적어 보세요.

20살이 된 나의 (아들/딸)에게

시간이 참 빠르게 지나갔을 거야. 엄마의 나이도 ________살이 되었겠네.

나이의 앞자리가 바뀌고, 드디어 성인이 된 소감이 어때?

엄마는 스무 살 때 ________________________________
ex) 대학교 생활이 무척 재미있었어.

스무 살은 마치 어른이 된 것 같은 나이지.

하지만 그 시간이 정말 중요한 이유는 ________________________
ex) 절대 돌아오지 않을 시간이기 때문이야.

성인이란 ________________________________
ex) 나 자신의 행동을 온전히 책임질 수 있는 사람이란다.

이런 이야기를 너에게 하다니, 네가 엄마의 품을 떠날 날이 멀지 않았다는 생각이 드는구나.

앞으로 너는 어떤 인생을 살고 싶니?

엄마가 스무 살 때 가장 후회했던 일이 있다면,

ex) 가장 예쁠 청춘의 시기를 너무 걱정만 하면서 보냈다는거야.

그래서 너는 꼭

ex) 그 아름다운 시간을 즐기며 살길 바라.

너에게는 밤하늘의 별처럼 반짝일 날들이 아주 많이 남아 있어.

인생은 지금부터 본격적으로 시작이야!

사랑한다, 나의 (아들/딸)

20 년 월 일 엄마가

태교한장 Day 50 [만날 날을 준비해요] 아이에게 필요한 것 (5)의류, 세탁

- 아래 항목을 보면서 우리 아이에게 필요한 것과 불필요한 것을 나누어 보고, 세부 내용을 정리해 보세요.

항목	브랜드	수량	구매(예정)일	금액
겉싸개				
속싸개				
모로반사 스트랩				
배냇저고리				
배냇가운				
배냇슈트				
스와들업				
턱받이				
손싸개				
발싸개				

- 아기 의류와 세탁과 관련해 추가로 필요한 항목을 정리해 보세요.

항목	브랜드	수량	구매(예정)일	금액
신생아 모자				
아기 세탁세제				
아기옷 세탁망				
아기전용 세탁기				
빨래 건조대				

- 아래 빈칸에 아기의 태명을 넣은 후, 소리 내어 엄마 목소리로 읽어 주세요.

(　　　)(이)의 여섯 번째 이야기 시간이야.

어느 날, (　　　)(이)는 눈을 뜨자마자 신기한 경험을 하게 되었습니다. 얼굴의 양옆에 '귀'라는 것을 통해 듣기 시작한 것이었지요.

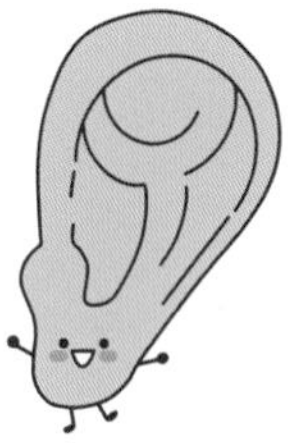

'위잉... 웅...'
처음에는 아주 희미하게 소리가 들렸습니다.
(　　　)(이)는 그 소리를 따라 귀를 대고 들어 보았습니다.

"우리 아기, 잘 지내고 있니? 오늘도 사랑해!"
(　　　)(이)는 순간 멈춰 섰습니다. 그 목소리는 아주 부드러웠고, 마음 깊숙이 따스함을 전해 주었어요. (　　　)(이)는 두근거리는 가슴을 부여잡고 소리가 나는 방향으로 다가갔습니다.

"거기 누구 있나요? 혹시, 나의 엄마!?"
대답은 들을 수 없었지만, 그 목소리가 자꾸만 들려오는 것이 너무나도 기뻤습니다. (　　　)(이) 왕국에서 (　　　)(이)는 혼자가 아니라는 사실을 깨닫고는 마음이 편안해졌습니다.

엄마와 함께하는 것을 느끼며, (　　　)(이)는 며칠 전보다 커진 손가락을 빨면서 더 많은 소리에 집중했습니다.

엄마의 쿵쿵 심장 소리, 물이 흐르는 듯한 소리, 가끔씩 들리는 노랫소리까지...
(　　　)(이)에게는 처음 듣는 모든 소리가 신기했지요.

특히, 엄마가 (　　　)(이)의 이름을 불러 주는 소리는 가장 행복하게 들렸습니다.

"(   )야(아), 오늘도 너를 사랑한단다!"
(   )(이)는 행복한 목소리에 미소를 지었습니다.

'톡톡'
곧이어 누군가 문을 두드리는 소리도 들려왔습니다.

"안녕, 아가야? 아빠도 왔어! 우리 (   )(이) 거기 잘 있지?"
그 목소리는 이전에 듣던 목소리와는 달랐습니다. 조금 더 강하고 묵직하며 낮은 톤의 든든한 목소리였지요.

"엄마, 아빠! 나는 여기 잘 있어요!"
(   )(이)는 행복한 마음을 표현했습니다.
물론 밖에서는 (   )(이) 이야기를 들을 수 없었지만, (   )(이)의 마음속은 행복한 소리들로 가득 차 있었습니다.

시간이 흐르자 이제는 엄마와 아빠가 대화하는 소리, 바람이 살랑거리는 소리, 차 경적 울리는 소리, 아침의 알람 소리까지 아주 다양한 소리를 듣게 되었습니다.

"내가 더 크게 자라면, 이 모든 소리를 밖에서도 들을 수 있겠지?"
(   )(이)는 기대에 부풀어 생각했습니다.

"엄마, 아빠! 내가 쑥쑥 더 많이 커서 멋진 세상으로 나갈 날을 기다려 주세요."

(   )(이)는 앞으로의 날들을 더욱 기대하며, 계속해서 들려오는 모든 소리를 반겨 주었습니다.

꽃의 색과 형태를 관찰하고 그리는 과정은 시각적 아름다움과 자연의 조화로움을 느끼게 해 산모에게 정서적인 안정감을 줍니다. 오늘은 차분한 분위기 속에서 '꽃'에 대해 생각해 볼까요?

꽃은 저마다 다른 꽃말을 가지고 있습니다. 다음은 긍정적인 의미를 담고 있는 꽃들입니다.

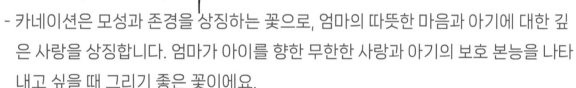

1. 카네이션 (Carnation) 
 - 카네이션은 모성과 존경을 상징하는 꽃으로, 엄마의 따뜻한 마음과 아기에 대한 깊은 사랑을 상징합니다. 엄마가 아이를 향한 무한한 사랑과 아기의 보호 본능을 나타내고 싶을 때 그리기 좋은 꽃이에요.

2. 해바라기 (Sunflower) 
 - 해바라기는 밝고 긍정적인 기운을 주는 꽃입니다. 태양을 바라보며 자라는 해바라기는 희망과 행복을 상징하므로 아이에게 밝고 긍정적인 미래를 기원하는 의미로 그리기에 적합합니다. 아기의 건강하고 행복한 성장을 염원하며 이 꽃을 그려보세요.

3. 백합 (Lily) 
 - 백합은 순수함과 깨끗함을 상징하는 꽃입니다. 특히 임신 중 태교를 하면서 마음의 평화를 찾고, 아기에게 순수하고 맑은 에너지를 전달하고 싶을 때 그리기 좋은 꽃이에요. 백합의 우아한 모습은 내면의 평화를 유지하는 데 도움을 줄 수 있지요.

4. 작약 (Peony) 
 - 작약은 풍성하고 화려한 모습으로 건강과 행복을 상징합니다. 산모가 아이의 건강과 무탈한 출생을 기원하며 그린다면 즐거운 태교 시간을 보낼 수 있겠어요! 작약의 아름다움과 풍성함은 행복한 마음을 표현하는 데 아주 적절하답니다.

5. 장미 (Rose) 

- 장미는 사랑을 상징하는 대표적인 꽃으로, 엄마가 아기에게 주고 싶은 사랑을 표현하기에 적합합니다. 특히 붉은 장미는 열정적인 사랑, 분홍 장미는 부드러운 애정, 흰 장미는 순수한 사랑을 의미해요. 사랑의 상징으로 엄마의 마음을 담은 장미를 그려보는 것도 좋겠네요.

* 배 속 아기에게 선물하고 싶은 꽃이 있다면 무엇인가요?
아래 꽃다발 속에 예쁜 꽃을 가득 그려 주세요.

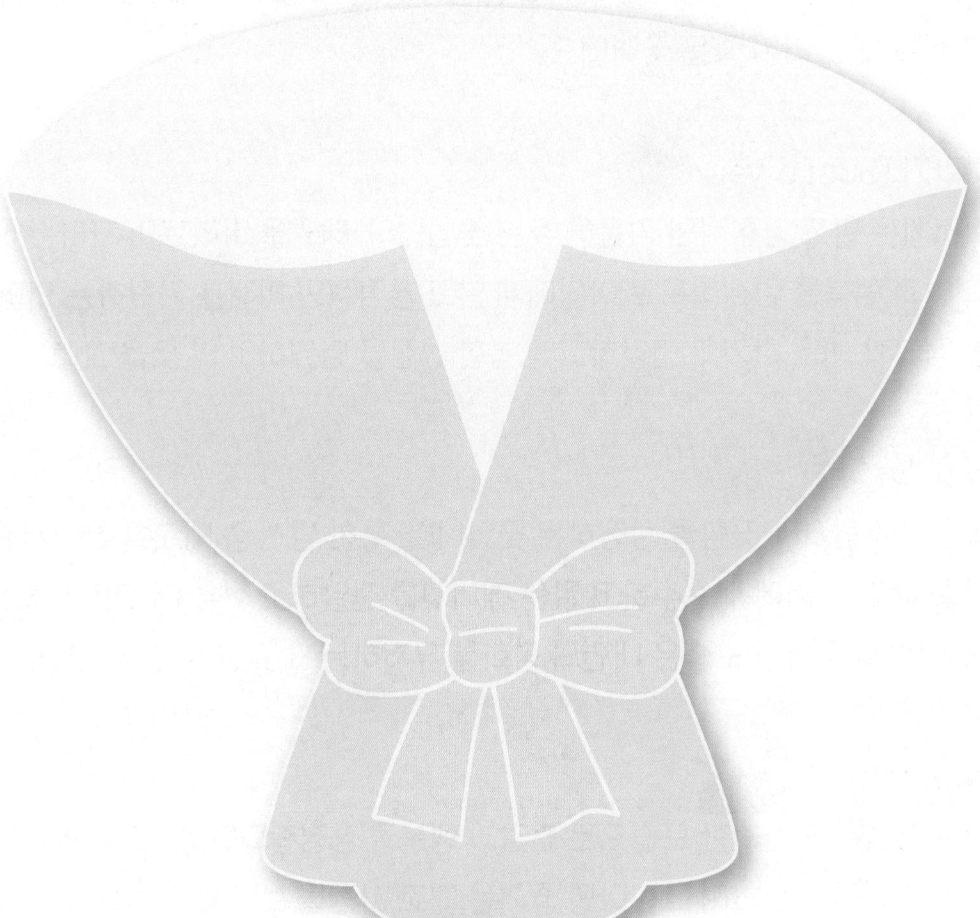

팝송은 다양한 문화적 배경을 반영한 음악입니다.
반복해서 듣게 되면 태아가 영어의 음소, 리듬, 억양을 듣는 경험이 많아지면서 태어난 후에도 언어 발달에 긍정적인 영향을 줄 수 있습니다.

아기는 태어났을 때 이미 엄마의 목소리와 주변 소리에 익숙해지기 때문에, 영어로 된 음악을 들려주는 것은 태아가 다국어 환경에 적응하도록 돕는답니다.

영어를 잘 모르는 엄마라도 다음과 같은 방법을 활용하면 효과적으로 즐겁게 팝송을 감상할 수 있어요.

* 가사와 해석을 미리 확인하기
 - 팝송을 듣기 전에 가사와 그 해석을 미리 읽어보세요. 인터넷에서 쉽게 찾을 수 있답니다. 가사에 담긴 메시지를 이해한 후 들어보도록 해요!

* 차분하고 편안한 곡 선택하기
 - 너무 빠르거나 강한 리듬의 노래보다는 발라드나 잔잔한 어쿠스틱 팝송이 태교에 적합할 수 있어요.

* 엄마가 좋아하는 멜로디 중심의 곡 선택하기
 - 영어 가사를 잘 모르더라도, 멜로디 자체가 마음에 드는 노래를 선택하는 것도 좋습니다. 음악은 언어를 넘어서는 감정의 매개체이므로, 엄마가 좋아하는 멜로디가 있다면 그 음악을 반복해서 들어보도록 해요.

* 노래를 따라 부르며 감상하기
 - 가사를 완벽히 이해하지 못해도 영어 발음을 천천히 따라 하면서 감상해 보세요. 음악 자체가 전달하는 즐거운 감정을 느껴보는 것이지요.

1. 평소 즐겨 듣던 팝송이 있다면 제목과 아티스트를 적어 보세요.

2. 해당 팝송은 어떤 이야기를 담고 있나요?
한국어 해석본을 찾아본 후, 해당 음악이 이야기하고자 하는 주제를 간략히 설명해 보세요.

3. 왜 이 노래를 선택했는지 이유를 적어 볼까요?

4. 선택한 음악에서 하이라이트 부분은 어디라고 생각하나요?
해당 부분을 작성해 보세요.

5. 이제 눈을 감고 다시 한번 음악을 감상해 봅시다.
* 좋아하는 부분이 나올 때는 함께 따라 불러 보세요!

태교 한 장 Day 54

[문제 풀어 보기] 미스테리 수수께끼 3

- 엄마의 적극적인 두뇌 활동은 태아의 두뇌 발달에도 좋은 영향을 주지요. 미스테리한 수수께끼 문제를 풀어 보는 것은 어떤가요? 아래 이야기를 꼼꼼히 읽어 본 후 추리를 통해 문제를 풀어 보세요.

어느 더운 여름이었습니다.
선풍기 밑에서 낮잠을 자고 있던 탐정 제임스는 전화벨 소리를 듣고 잠에서 깨어났습니다. 그리고는 익숙한 목소리를 들을 수 있었지요.

"안녕하세요, 제임스 탐정님! 혹시 저를 기억하시나요? 로키 부부와 함께 보았던 브라운이라고 합니다. 당신에게 도움을 청할 일이 있어서 이렇게 전화를 드렸어요."

제임스는 서둘러 브라운의 집으로 향했습니다. 도착해 보니, 두꺼운 안경을 쓰고 있던 브라운이 낡은 종이를 손에 쥔 채로 제임스를 안내했습니다. 그들은 모든 벽면이 책으로 꽂혀있는 큰 서재로 들어갔고, 그곳의 책상 위에는 이상한 도형과 숫자로 가득 찬 암호문이 놓여 있었습니다.

"이것은 무엇인가요?" 제임스가 물었습니다.

브라운은 깊은 한숨을 쉬며 말했습니다.
"이건 우리 집안에 대대로 전해 내려오는 고대의 암호문입니다. 얼마 전 집을 정리하다가 우연히 이걸 발견했는데, 이 내용을 해독해야만 우리 집안의 중요한 비밀을 알 수 있을 것 같아서요."

탐정 제임스는 흥미롭게 암호문을 들여다보았습니다. 암호문에는 다양한 도형과 숫자가 적혀 있었습니다.

제임스는 곧바로 수첩과 펜을 꺼내 암호를 해독하기 시작했습니다.

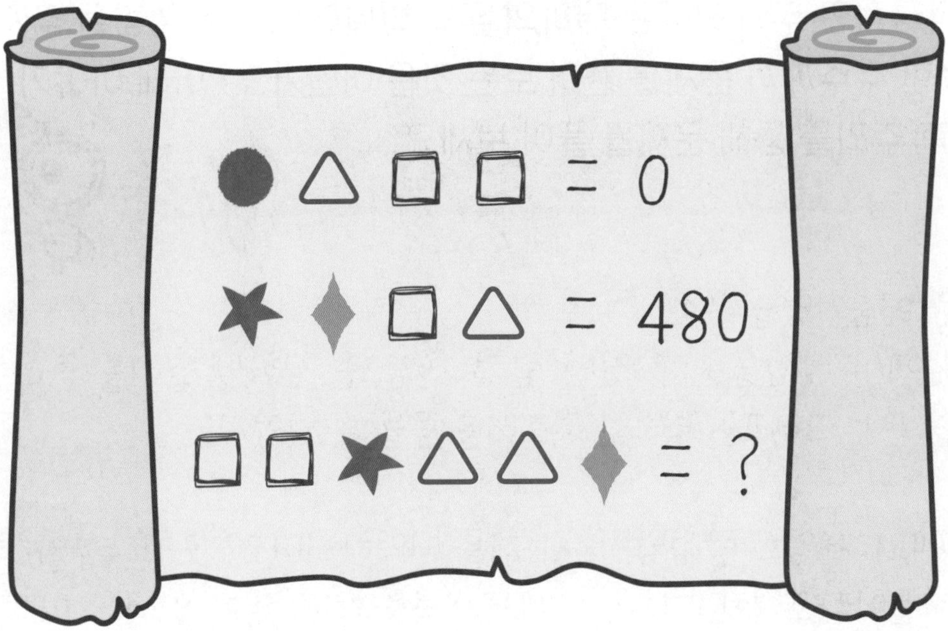

해당 암호를 풀어 보세요.

*정답 : 변의 갯수가 숫자를 나타내며, 각각 수를 곱하면 결과값을 얻는다. 즉, ● : 변이 없음 → 0 /△ : 변이 3개 → 3 / □ : 변이 4개 → 4 / ★ : 변이 10개 → 10 / ◆ : 변이 4개 → 4이다.
따라서, 4 x 4 x 10 x 3 x 3 x 4 = 5760

제임스가 손쉽게 암호를 풀어내자, 브라운은 그의 두꺼운 안경을 고쳐 쓰고는 환하게 웃으며 이야기했습니다.
"과연, 역시 제임스 탐정님이시군요! 그런데 이 숫자는 어디서 본 적이 있는데... 저에게는 아주 익숙한 숫자예요."

"익숙한 숫자요?" 탐정 제임스는 수첩에 내용을 적으며 브라운의 이야기에 집중했습니다.

- 아래 내용의 빈칸을 채워 보고, 소리 내어 읽어 보세요. 더 쓰고 싶은 내용은 뒷부분에 추가로 작성해 주세요.

There are so many different jobs in the world.
세상에는 아주 많은 직업이 있어.

Some people are doctors who save lives, while others are teachers who educate children.
누군가는 사람을 살리는 의사이고, 또 다른 누군가는 아이들을 가르치는 선생님이지.

No job in this world is unimportant.
이 세상에 중요하지 않은 직업은 없단다.

Mom and Dad each have their own jobs as a (직업명) and a (직업명).
엄마와 아빠는 각각 (ex. public servant, police officer/공무원, 경찰)이라는 직업을 갖고 있지.

When you grow up and become an adult, I hope you'll do what you truly want to do.
네가 자라 어른이 되면, 꼭 네가 하고 싶은 일을 하길 바라.

That's what dreams are all about—doing what you want.
꿈이란 그런 거야. 하고 싶은 일을 뜻하지.

When I was young, my dream was to be a (직업명).
엄마의 어릴 적 꿈은 (ex. singer/가수)였어.

Now, Mom's dream is for you to be born healthy.
지금 엄마의 꿈은 네가 건강하게 태어나는 거야.

What kind of dream will you have?
너는 어떤 꿈을 갖게 될까?

No matter what you dream, Mom will always support you.
네가 무엇을 원하던, 엄마는 항상 너를 응원할 거야.

See and experience many things in this world, and dream as much as you like.
이 세상에서 많은 것을 보고 느끼며 마음껏 꿈을 꾸렴.

Follow your heart and believe in yourself, and you'll find your way.
네 마음을 따르고 자신을 믿으면, 너만의 길을 찾을 수 있을 거야.

임신을 하면 호르몬 분비량이 많아지면서 산모는 다양한 감정을 느끼게 됩니다.

입덧이나 체중 증가, 수면 문제 등 다양한 원인으로 권태롭거나 무력감을 느끼기도 하지요. 이러한 감정은 임신 중에 일어나는 흔한 일입니다.

임산부가 권태롭고 무력감을 느낄 때는 몸과 마음을 긍정적으로 변화하도록 하는 여러 방법을 시도해 볼 수 있습니다.

* 새로운 취미 도전하기
- 임신 중에도 즐길 수 있는 새로운 취미를 찾아보세요. 독서, 뜨개질, 그림 그리기, 퍼즐 맞추기 등 산모가 즐길 수 있는 창의적인 활동에 몰두하면 일상의 권태로움을 해소하고 성취감을 느낄 수 있습니다. 특히 손으로 하는 활동은 마음을 차분하게 하고 스트레스를 줄이는 데 효과적이랍니다.

* 맘카페나 임산부 오픈채팅방 이용하기
- 임산부들이 모인 커뮤니티에서 같은 임산부들과 임신, 출산, 육아에 관한 다양한 정보와 경험을 나눌 수 있어요. 비슷한 상황에 처한 사람들이 모여 있다 보니 서로의 감정을 나누고 공감하며 정서적 지지를 얻기도 하지요.

* 자신만을 위한 시간 갖기
- 온전히 자기 자신만을 위한 시간을 가져보세요. 따뜻한 목욕으로 몸을 풀어주거나 촉촉한 팩으로 피부 관리하기, 좋아하는 드라마나 영화 보기 등을 통해 편안히 스스로에게 휴식을 주는 시간은 무력감을 해소하고 자기 돌봄을 통해 기분이 좋아지게 만든답니다.

- 권태로움은 누구에게나 찾아올 수 있지만 다양한 활동을 통해 반드시 이겨낼 수 있어요!
  혹시 지금 무력감으로 힘든 상태인가요?
  아래 질문에 답해보며 나의 마음을 다스려 봅시다.

* 권태롭거나 무력감을 느낀 적이 있다면, 그때의 상황을 자세히 적어 볼까요?

* '몸이 축 처진다', '한숨이 나온다', '뭘 해도 즐겁지가 않다' 등 당시 내가 느꼈던 감정을 모두 글로 표현해 보세요.

* 나를 제 3의 다른 인물이라고 생각해 볼게요.
  당신이 가장 친한 친구라면 어떤 이야기를 해주고 싶은가요?
  친구의 입장에서 진심을 담은 조언을 해 보세요.

심부름은 아이에게 책임감을 심어 주고 문제 해결 능력과 자신감을 향상시킵니다. 또한 부모의 지시를 이해하고 의사소통이 필요하므로 인지, 언어 발달에도 도움을 주지요.

아이의 연령 및 발달 수준에 따라 적절한 심부름은 각기 다릅니다.
배 속의 아이가 커서 심부름을 할 수 있게 된다면, 어떤 과제를 아이에게 맡길 수 있게 될까요?

1. 유아기 (2-3세)
 - 이 시기의 아이들은 짧고 간단한 지시를 이해할 수 있습니다.
 * 적합한 심부름
 장난감을 제자리에 갖다 놓기, 책이나 리모컨 등의 물건을 부모에게 가져다 주기, 작은 쓰레기를 쓰레기통에 버리기, 옷을 세탁 바구니에 넣기, 컵을 식탁에 놓기 등

2. 유치원기 (4-5세)
 - 이 시기에는 아이의 신체 및 사고 능력이 더욱 발달합니다.
 니다.
 * 적합한 심부름
 자신의 옷 가져오기, 식탁 닦기, 냉장고에서 우유 꺼내오기, 쓰레기 분리수거 돕기, 자신의 물건 스스로 꺼내기, 양말과 신발 직접 신기, 엘리베이터 버튼 누르기 등

3. 초등 저학년 (6-8세)
 - 이 시기의 아이들은 복잡한 지시를 이해하고 기억하게 됩니다.
 * 방 청소하기, 애완동물 밥 주기, 쓰레기통 비우기, 간단한 요리 돕기, 자신의 옷 분류하여 접기, 간단한 물건 사 오기 등

- 심부름은 아이의 나이에 맞게 기대 수준을 설정하고, 서툴거나 실수를 했을 때는 지적을 하기보단 문제 해결 방법을 알려주어야 합니다.

또한 심부름을 잘 해냈을 때 적절한 칭찬과 격려를 통해 아이의 자신감을 고취할 수 있습니다.

엄마의 심부름 경험을 생각해 보며 다음 내용을 작성해 봅시다.

* 엄마는 어렸을 때 어떤 심부름을 해 보았나요?
(생각나는 것들을 모두 적어 보세요.)

* 아이가 몇 살 때쯤 첫 심부름을 시키면 좋을까요?

* 아이에게 어떤 심부름을 시키는 것이 좋을까요?

* 심부름에 성공한 미래의 아이에게 칭찬과 격려의 말을 해 보세요.

아이들은 좋아하는 캐릭터를 보며 종종 상상력이 풍부한 세계를 배경으로 놀이를 즐기곤 합니다. 이는 아동의 창의적인 사고를 발전시키는 데 좋은 자극이 되지요.

유아용 캐릭터는 다양한 색감과 형태, 교육적 의미가 있는 이름과 여러 에피소드를 가지고 있어 이를 통해 아이들이 사회적 관계를 이해하고 타인을 존중하는 법을 배우기도 합니다.

특히, 유아기에는 또래 아이들 사이에서 캐릭터나 애니메이션에 대한 관심이 공통된 주제가 되며, 친구들과 관계를 형성하고 유지하는 데 중요한 요소가 되기도 하지요.

이처럼 유아기 아이들에게 캐릭터는 또래 문화를 위한 중요한 도구가 되기도 하므로 부모도 이에 적극적인 관심을 가지며 함께 소통을 하는 것이 좋습니다.

* 엄마가 어릴 때 좋아하던 애니메이션이나 캐릭터가 있나요?

* 요즘 아이들은 어떤 캐릭터를 좋아하는지 찾아 보세요.

* 우리 아이에게 알려 주고 싶은 캐릭터가 있다면 무엇인가요?

* 해당 캐릭터는 어떤 의미의 이름을 가지고 있나요?

- 엄마가 직접 찾아 소개하는 캐릭터는 아이에게 특별한 선물이 될 수 있습니다. 앞에서 선택했던 캐릭터 이미지를 인쇄하여 그림을 자른 후, 아래 빈칸에 붙여 보세요.

해당 캐릭터가 어떤 친구인지 소개하는 설명을 덧붙여준다면 미래의 아이가 더욱 잘 이해할 수 있을 거예요!

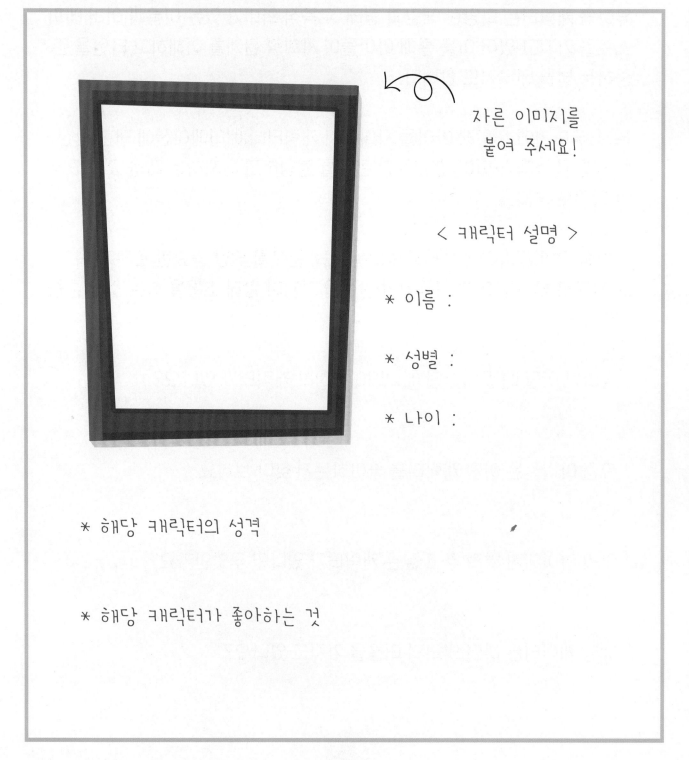

자른 이미지를 붙여 주세요!

< 캐릭터 설명 >

* 이름 :

* 성별 :

* 나이 :

* 해당 캐릭터의 성격

* 해당 캐릭터가 좋아하는 것

태교 한 장 Day 59

[너에게 쓰는 편지] 결혼을 앞둔 너에게

- 시간이 많이 흘러 나의 아이가 사랑하는 사람을 만나고, 결혼을 앞두고 있다면 엄마로서 무슨 이야기를 해주고 싶나요? 아래 항목을 읽어 보면서 내용을 채워 보고, 추가로 쓰고 싶은 내용을 적어 보세요.

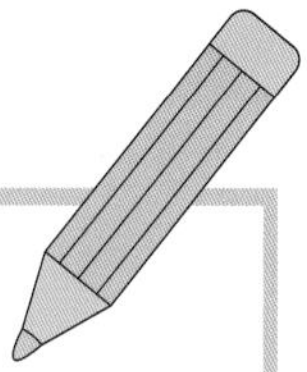

결혼을 앞둔 나의 (아들/딸)에게

아직 엄마 배 속에서 자라고 있는 네가 새로운 삶을 시작하는 '결혼'을 한다는 상상을 해 보니, ____________________

ex) 정말 가슴이 벅차는구나.

결혼은 두 사람이 서로의 인생을 나누고 함께 만들어 가는 특별한 여정이야.

너와 네가 선택한 사람이 함께 손을 맞잡고 앞으로의 삶을 걸어갈 것을 생각하면 엄마는 ____________________

ex) 참으로 기쁘고 행복하단다.

결혼 생활은 행복한 순간들로 가득하겠지만, 때로는 어려움도 함께할 거야.

하지만 기억해 줘. 어떤 순간에도 ____________________

ex) 너의 행복을 1순위로 생각하겠다고.

엄마는 언제나 ____________________

ex) 너희 부부에게 행복이 가득하길 기도할게.

엄마는 ________ 살이 되던 해에 결혼을 했어.

ex) 28

너의 아빠는 ________________________________

ex) 평생 행복하게 해주겠다며 떨리는 목소리로 청혼을 했었지.

____

그 솔직하고 듬직한 모습에 반해 결혼을 결심했던 거야.

너의 배우자가 될 사람도 ________________________________

ex) 아빠처럼 성실하고 따뜻한 사람이길 바라.

이제는 새로운 가정을 꾸려나가게 될 나의 (아들/딸),

늘 건강하고 행복하길 바라며 묵묵히 응원한다.

사랑한다, 나의 (아들/딸)

20 년 월 일 엄마가

태교 한 장 Day 60 [만날 날을 준비해요] 아이에게 필요한 것 (6)기타

- 아래 항목을 보면서 우리 아이에게 필요한 것과 불필요한 것을 나누어 보고, 세부 내용을 정리해 보세요.

항목	브랜드	수량	구매(예정)일	금액
바운서				
아기체육관				
바닥 매트				
초점책				
흑백모빌				
컬러모빌				
아기 유산균				
라벨 프린터기				
홈카메라				
아기 지퍼백				

- 기타 추가로 필요한 항목을 정리해 보세요.

항목	브랜드	수량	구매(예정)일	금액
건티슈				
아기용 면봉				
아기물건 파우치				

- 아래 빈칸에 아기의 태명을 넣은 후, 소리 내어 엄마 목소리로 읽어 주세요.

(　　　)(이)가 등장하는 일곱 번째 이야기 시간이야!

잠을 자고 있던 (　　　)(이)는 즐거운 멜로디 소리에 잠 깼습니다.
엄마가 (　　　)(이)를 위해 들려주는 노랫소리였지요. 신이 난 (　　　)(이)는 들리는 소리에 맞추어 몸을 이리저리 움직였습니다.

그때, 기분 좋은 목소리가 또 한 번 들렸어요.
"(　　　)야(아), 너도 즐겁나 보구나? 오늘은 엄마와 아빠가 (　　　)(이)를 위해 여행을 가고 있어."

"부릉부릉"
(　　　)(이)의 집에 기분 좋은 진동이 느껴졌습니다.
"오늘은 또 무슨 즐거운 일이 생길까?" (　　　)(이)는 점점 길어지는 다리를 쭉 뻗으며 포근한 느낌을 만끽했습니다.

잠시 후, 줄과 연결된 곳간에 음식이 들어오기 시작했습니다. 고소하고 풍부한 고기의 맛이 느껴지자, 오물오물 입을 움직이던 (　　　)(이)는 엄마에게 고맙다며 손짓 인사를 했지요.

다음으로 느껴진 것은 무척 달콤한 과일의 맛이었습니다. (　　　)(이)는 다시 한번 손가락을 오물오물 빨았습니다. 온몸 가득 퍼지는 달콤함에 손과 발이 저절로 움직였지요.

"(　　　)(이)도 이 음식이 맛있는지 배 속에서 엄청나게 움직이네."
엄마의 목소리가 들렸습니다.

'세상에는 이렇게 다양한 맛이 있구나! 빨리 나가서 더 많은 걸 먹어 보고 싶네!' (　　　)(이)는 속으로 생각했습니다.

맛있는 음식을 배불리 먹은 (   )(이)는 엄마, 아빠와 만나는 상상을 하며 단잠에 빠져들었습니다.

꿈속에서 만난 엄마와 아빠는 (   )(이)를 반기며 안아주었습니다.
엄마, 아빠가 즐겁게 불러주었던 노래도 함께 부르고, (   )(이)가 좋아하는 춤도 마음껏 추었지요.

"사랑하는 (   )야(아)!"
아빠의 목소리에 (   )(이)는 눈을 떴습니다. 이번에는 바닷소리와 바람 소리가 함께 들렸어요.

"오늘 엄마와 아빠, (   )(이)가 함께 한 첫 여행이야. 바다의 파도 소리가 들리니?"

(   )(이)는 귀를 기울이며 소리에 더욱 집중했습니다.

"나중에 네가 태어나면 꼭 이곳에 다시 와서 다 함께 맛있는 음식을 먹자!"
아빠가 토닥토닥 (   )(이)가 있는 곳을 두드려 주며 이야기했습니다.

"엄마, 아빠! 다음에는 나도 꼭 그곳에 같이 가서 함께하고 싶어요!"
(   )(이)는 아빠의 말에 대답하듯 집을 콩콩 두드렸습니다.

이렇게 (   )(이)는 매일 새로운 경험을 하며 쑥쑥 자라고 있었습니다.

오늘은 우리 아이에게 직접 동네의 지도를 그려줄 거예요.
아이가 자라면서 엄마가 직접 그린 지도를 보면, 자신의 출생지와 지역에 대한 흥미를 느낄 수 있겠지요? 동네의 유명한 장소나 엄마가 자주 다니던 곳에 관해 이야기를 나눌 수도 있답니다.

지도는 아이에게 공간적 이해력을 높여줍니다. 공간 지각 능력은 단계적으로 발달하며, 나이에 따라 이해하는 방식이 다릅니다.

* 2-3세
- 이 시기의 아이들은 주변 공간에 대해 아주 기초적인 부분을 이해하기 시작합니다. 예를 들어, 집 안에서 엄마가 있는 방과 자기 방의 위치를 구분하는 정도이지요. 이때 장난감이나 블록 놀이를 통해 공간 내 물체의 위치를 파악하는 능력을 키울 수 있습니다.

* 4-5세
- 이제 좀 더 복잡한 공간 개념을 이해할 수 있습니다. 예를 들어, 집 근처 공원이나 유치원까지 가는 길을 대략 기억하거나, 특정 장소의 순서를 인지할 수 있습니다.

* 6-7세
- 이 나이대 아이들은 간단한 공간 표현을 이해하기 시작합니다. 상하, 좌우 및 거리의 개념을 감각적으로 알게 되지요. 자신의 집과 학교, 주변 환경의 상대적 위치를 파악할 수 있습니다.

* 8세
- 본격적으로 지도를 이해하는 시기입니다. 방향을 구분하고 지리적 개념을 학습할 수 있으며, 다양한 장소 간의 관계를 이해하게 됩니다.

- 우리 아이가 커서 걷고 뛰기 시작한다면 동네를 누비며 돌아다니게 될 거예요. 집 앞 놀이터, 슈퍼마켓, 공원 등 아이와 함께 자주 갈 수 있는 장소를 생각해 보세요.

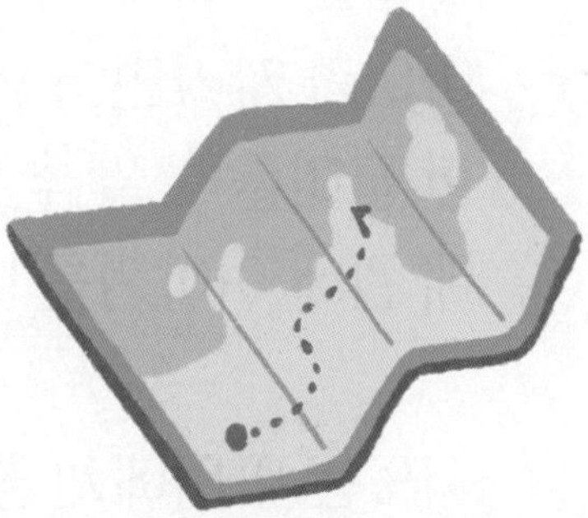

* 사진 또는 지도 앱을 켜서 동네 구조를 참고해 보세요.

(1) 동네의 큰 구조를 먼저 스케치합니다.

(2) 주요 도로와 골목길을 그려줍니다. (아이가 나중에 쉽게 인식할 수 있도록 중요한 길을 구분해 주세요!)

(3) 중요한 장소를 지도에 추가합니다. 장소마다 귀여운 아이콘이나 그림을 그려 넣으면 더욱 좋아요!

최근에 감명 깊게 본 드라마나 영화가 있나요? 기억에 남는 명작은 음악도 함께 떠오르게 하지요. 일반적인 음악을 듣는 것과는 또 다른 의미를 주는 OST(Original Sound Track) 음악에 대해 생각해 볼게요.

OST는 드라마나 영화 속에서 엄마가 경험한 '추억'과 연결되어 있습니다. 따라서 이 음악을 듣는 것은 이러한 추억을 떠올리며 예전에 느꼈던 감동 속으로 다시금 몰입하도록 한답니다.

오늘은 OST로 태교 음악을 즐겨볼 예정입니다. 아래 자세한 방법을 읽어본 후 음악을 감상해 보고, 음악 감상문도 채워 보세요.

1. 드라마나 영화 선택하기
내가 가장 행복하게 즐기며 감상했던 명작을 선정해 보세요. 정해진 갯수가 없으므로 여러 개를 선택해도 좋아요!

2. 명장면 떠올리기
선택한 작품에서 가장 좋았던 장면을 떠올려보도록 해요. 스마트폰을 활용하여 해당 장면을 검색해 다시 보고 오는 것도 좋습니다.

3. OST 감상하기
선택한 작품의 줄거리와 장면을 떠올리며 음악을 감상해 보세요. 감정을 더욱 생생히 느껴볼 수 있도록 눈을 감고 몰입해 봅니다.

4. 음악에 맞춰 몸을 움직이기
OST를 들으면서 음악에 맞춰 천천히 몸을 움직여 보세요. 감정이 고조되는 부분에서는 손을 부드럽게 흔들거나 가벼운 스트레칭을 하며 음악에 반응해보도록 해요.

[음악 감상문]

* OST 작품명/아티스트 :

* 작곡, 작사 :

* 해당 작품을 고른 이유

* 음악이 전하는 메시지

* 음악의 주요 배경 (어떤 장면에서 자주 사용되는지 등)

* 해당 음악을 들을 때 나의 감정

* 음악을 들은 후 총 감상평

태교 한 장 Day 64

[문제 풀어 보기] 즐거운 수학 문제 4

- 엄마의 적극적인 두뇌 활동은 태아의 두뇌 발달에도 좋은 영향을 주지요.
  아래 문제를 풀어 답을 구해 보세요.

1. 어느 책의 페이지 수가 300페이지일 때, 이 책을 총 6일에 걸쳐 읽기로 했습니다. 매일 읽는 페이지 수를 증가시키기로 하여 첫날은 20페이지, 둘째 날은 40페이지, 셋째 날은 60페이지, 이런 식으로 읽었습니다. 그렇다면 마지막 날 읽은 페이지 수는 몇 페이지일까요?

* 정답

매일 읽는 페이지 수는 첫날부터 20페이지씩 증가합니다.

첫날: 20p / 둘째 날: 40p / 셋째 날: 60p / 넷째 날: 80p / 다섯째 날: 100p

20 + 40 + 60 + 80 + 100 = 300 -> 이미 다섯째 날 300페이지를 다 읽게 되므로, 여섯째 날 읽은 페이지는 0 페이지입니다.

2. 두 수 a와 b의 합은 10이고, $a^2 + b^2 = 58$일 때, 두 수 a와 b의 값을 구하세요. (단, 숫자 a는 b보다 큽니다.)

* 정답

$(a + b)^2 = a^2 + b^2 + 2ab$

$10^2 = 58 + 2ab$

$100 = 58 + 2ab$

$2ab = 42$

$ab = 21$

a와 b의 곱은 21이므로, 두 수는 3과 7이며, a는 b보다 큽니다. 따라서 a = 7, b = 3

3. 어느 동물원에서 사자와 호랑이가 총 8마리가 있습니다. 이 중 사자의 수가 호랑이의 3배라고 할 때, 사자와 호랑이 각각의 수는 몇 마리인가요?

* 정답

사자의 수를 S, 호랑이의 수를 T라고 하면,

$S = 3T$

$S + T = 8$

이를 $S = 3T$에 대입하면,

$3T + T = 8$

$4T = 8$

$T = 2$

따라서 호랑이는 2마리, 사자는 $S = 3 \times 2 = 6$마리입니다.

4. 한 정육면체의 부피가 $64cm^3$ 일 때, 이 정육면체의 한 변의 길이는 몇 cm인가요?

* 정답

정육면체의 부피 : (한 변의 길이) x (한 변의 길이) x (한 변의 길이)

한 변의 길이를 4cm라고 가정하였을 때

$4 \times 4 \times 4 = 64 cm^3$

따라서, 이 정육면체의 한 변의 길이는 4cm입니다.

태교 한 장 Day 65

[영어로 말해요] 만약에

- 아래 내용의 빈칸을 채워 보고, 소리 내어 읽어 보세요.
  더 쓰고 싶은 내용이 있다면 내용을 추가해도 좋아요!

If you can hear me,
(   )
네가 내 목소리를 들을 수 있다면,
(ex. listen calmly to the sound of my heartbeat. / 엄마의 심장소리를 차분히 들어봐.)

If you ever feel scared, remember that
(   )
네가 무서울 때가 있다면,
(ex. I am always with you. / 엄마가 항상 함께 있다는 걸 기억해.)

If you are growing strong and healthy, then I
(   )
네가 건강하게 잘 자라고 있다면, 엄마는
(ex. am the happiest mom in the world. / 세상에서 가장 행복한 엄마야.)

If you dream, dream of
(   )
네가 만약 꿈을 꾸게 꾼다면,
(ex. a world full of kindness and joy. / 친절과 기쁨이 가득한 세상에 대한 꿈을 꾸렴.)

If you ever feel alone, know that
(   )
만약 외롭다고 느낄 때가 있다면, 알아줘
(ex. I am always here for you. / 엄마가 항상 여기 있다는 걸.)

If you ever feel sad,
( )
슬프다고 느낄 때가 있다면,
(ex. I will be there to wipe your tears away. / 엄마가 네 눈물을 닦아 줄게.)

If you grow curious,
( )
궁금한 것이 생긴다면,
(ex. explore the world with a fearless heart. / 두려움 없이 세상을 탐험해 봐.)

If you smile, I will feel like
( )
네가 미소를 짓는다면, 엄마는 마치
(ex. the whole world smiles with you. / 온 세상이 함께 웃는 것처럼 느껴질 거야.)

If you face challenges, know that
( )
네가 만약 도전 과제를 마주하게 된다면, 알아줘
(ex. you have the strength to overcome them. / 그것을 극복할 힘이 있다는 것을.)

If you make new friends,
( )
새로운 친구를 사귀게 되면,
(ex. cherish those relationships and nurture them. / 그 관계를 소중히 여기고 키워 나가렴.)

Lastly, if you can hear me now, give me a little kick so I know you're there.
마지막으로, 지금 내 얘기를 듣고 있다면, 엄마가 느낄 수 있게 발로 차 줘.

후회는 인간이 어떤 선택이나 행동에 대해 다시 돌아보고 그 결과가 마음에 들지 않을 때 느끼는 감정입니다.

후회를 아주 단순하게 생각하면 그 자체를 부정적으로 볼 수 있지만, 사실 후회라는 것은 부정적인 감정에 그치지 않으며 인간에게 중요한 교훈과 성장을 가져다줄 수 있습니다.

우리는 가끔 실수나 잘못된 선택을 하곤 합니다. 그리고 이를 바탕으로 우리 자신을 돌아봅니다. 후회는 과거의 행동을 다시 생각하게 하여 미래에 더 나은 결정을 내리도록 도와줍니다.

이처럼 후회는 현재의 가치와 목표를 다시 확인하고 자신의 행동을 반성하여 더욱 성숙한 인간으로 거듭날 수 있는 새로운 기회가 되기도 합니다.

후회하는 일이 생겼나요?

그 순간에 드는 부정적인 감정에 읽아져 자책만 하지 마세요. 그 후회 속에는 분명히 배울 점이 있고, 그것을 통해 앞으로 나아갈 힘을 찾을 수 있습니다.

후회는 우리를 멈추게 하는 감정이 아니라 더 나은 방향으로 이끌어주는 나침반과도 같습니다. 실수는 누구나 할 수 있고, 중요한 것은 그 실수에서 무엇을 배웠느냐 이지요.

스스로를 용서하고, 그 경험을 성장의 발판으로 삼아보세요. 후회에 지지 말고 오히려 고마워하세요. 앞으로 더 나은 나를 만드는 귀중한 기회로 삼아 변화해 보는 겁니다.

- 나의 후회로 내가 더욱 성장할 수 있도록 아래에 '후회 일기'를 써 봅시다.

* 과거에 후회했던 일을 떠올린 후 내용을 적어 보세요.
(그때 어떤 선택을 했고, 왜 후회했는지 구체적으로 적습니다.)

* 후회를 통해 얻은 교훈을 기록해 보세요.
(해당 사건을 통해 배운 점과 그로 인해 성장한 부분을 자세히 적어 주세요.)

* 감정을 회복할 수 있도록 나 자신을 격려해 주세요.
(후회한 이후 어떻게 그 감정을 다스리고 회복했는지 함께 적어 주어도 좋습니다.)

* 나의 아이가 후회를 하는 순간이 생긴다면 꼭 해주고 싶은 이야기를 적어 보세요.

엄마가 아이에게 하는 질문은 아이의 성장과 발달에 매우 중요한 역할을 합니다. 질문은 단순히 정보를 얻는 수단이 아니라 아이의 사고력과 창의성, 의사소통 능력, 감정 표현 능력을 촉진하는 중요한 도구이지요.

아래 내용을 자세히 살펴보며 우리 아이의 발달에 도움이 될 수 있는 좋은 질문에 관해 생각해 보도록 합시다.

* 열린 질문하기
 - "네", "아니오"로만 대답할 수 있는 닫힌 질문보다는 아이가 더 깊이 생각할 수 있도록 다양한 답을 유도하는 질문이 좋아요.
   ex) "오늘 학교 재미있었니?" (X)
       "오늘 학교에서 가장 기억에 남는 일은 뭐였어?" (O)

* 이유와 방법 질문하기
 - 왜 그랬는지, 어떻게 해야 하는지 등 아이의 사고력을 길러주는 질문을 하는 것이 좋습니다.
   ex) "왜 그렇게 생각했어?" "그 문제를 해결하려면 어떻게 해야 할까?"

* 상상력 자극하기
 - 아이가 창의적으로 상상할 수 있도록 도와주는 질문을 해 보세요.
   ex) "너에게 무엇이든 만들 수 있는 램프를 준다면 뭘 만들고 싶니?"

* 감정에 관해 묻기
 - 아이의 감정에 대한 질문은 정서 발달에 긍정적인 영향을 미칩니다. 자신의 감정을 인식하고 표현할 수 있도록 질문해 주세요.
   ex) "그 일이 너한테 어떻게 느껴졌어?"
       "슬픈 일이 생겼을 때는 어떻게 하는 게 좋을까?"

- 아기는 태어난 직후부터 양육자의 다양한 말소리를 듣고 언어를 배워 나가게 됩니다. 영유아의 언어 발달에는 유전, 환경, 인지 능력 등 다양한 요인이 있으므로 여러 측면을 고려하여 발달시킬 수 있도록 도와주어야 하지요.

아이가 말을 배우고 엄마와 대화할 수 있게 된다면 물어보고 싶은 말을 적어봅시다.

* 대답이 열려있는 질문

* 이유와 방법에 관한 질문

* 상상력을 자극하는 질문

* 감정에 관해 묻는 말

* 그밖에 미래의 아이에게 궁금한 것

적당한 취미 생활은 쳇바퀴 같은 삶에 활력을 불어넣고 개인의 정서 안정, 자기 효능감 증진 등의 효과를 가져옵니다. 취미를 통해 산모가 자신을 돌보는 시간이 생긴다면 정서적 행복감을 느끼게 되어 아이에게도 좋은 영향을 주게 되지요.

다음은 산모가 가볍게 즐길 수 있는 취미 생활입니다.

* 독서
산모의 정서적 안정감과 집중력을 키워줍니다.

* 요리
창의력과 성취감을 자극하며, 건강한 식단을 통해 태아의 영양 섭취에도 도움이 됩니다.

* 사진 찍기
사진은 시각적 감각을 발전시키고 일상에서의 작은 행복을 기록하는 도구로 사용됩니다. 아기에게 보여줄 추억을 남기기에도 좋지요.

* 손뜨개
손을 사용하는 취미는 정교한 손동작을 통해 집중력을 높입니다. 아기 옷이나 인형을 직접 만들면 애착도 깊어질 거예요.

* 원예
식물을 돌보며 자연과 교감하는 활동은 마음을 차분하게 만듭니다.

* 퍼즐/ 보드게임
두뇌를 자극하여 집중력과 논리적 사고력을 증진시킵니다.

- 임신 전부터 가지고 있던, 혹은 임신 후에 시작한 취미가 있나요?
  나의 취미 생활을 잘 드러낼 수 있는 사진을 붙이고,
  해당 장면에 관한 설명을 작성해 보세요.

- 오랜 세월이 흐른 뒤, 내 아이가 성인이 되어 엄마에게 임신을 했다고 이야기한다면 어떨까요? 임신 당시 나의 감정을 떠올리며 아래 내용을 채워 보고, 추가로 쓰고 싶은 내용을 적어 보세요.

아이가 생긴 나의 (아들/딸)에게

임신을 축하한다! 내 품에 안겨 젖을 먹던 네가, 지금의 나처럼 부모가 되어 있을 그날이 다가왔구나.

이 기쁜 사실을 알게 된 순간 ______________________

ex) 감동의 눈물을 흘릴 것만 같네.

엄마는 너를 가진 걸 알았을 때 ______________________

ex) 무척 놀랐고 기뻤어.

너의 첫 심장 소리를 듣고선 ______________________

ex) 나의 모든 것을 너에게 주고 싶다는 생각을 했지.

내가 너에게 주었던 것처럼, 너도 너의 아이에게 세상에서 가장 반짝이는 사랑을 주렴.

'부모'라는 것은 무엇일까? 아직은 나도 제대로 안다고 할 수는 없지만, 이 이야기는 꼭 해 주고 싶어.

아이에게 부모란 ______________________

ex) 온 세상 그 자체와도 같다는 걸.

(엄마/아빠)가 된다는 건 그 자체로 축복받아 마땅한 일이야.

아이를 키우는 건 기쁨과 도전의 연속이겠지만, 아이의 존재만으로도

ex) 너는 세상을 살아가는 굉장한 힘을 얻게 될거야.

그와 동시에 너는 나의 아이였다는 걸 잊지 말길 바라.

네가 너의 아이에게 주는 무한한 사랑과 관심만큼

ex) 엄마는 계속해서 너를 사랑하고 또 사랑할 거야.

그저 너의 가정이 행복하고 건강하길 응원하고 기도한다.

사랑한다, 나의 (아들/딸)
20 년 월 일 엄마가

- 아래 항목을 보면서 출산 직후 나에게 필요한 것과 불필요한 것을 나누어 보고, 세부 내용을 정리해 보세요.

항목	브랜드	수량	구매(예정)일	금액
오버나이트 생리대				
초유저장팩				
세안용품				
휴대폰 충전기				
영양제				
여분의 속옷				
물티슈				
압박스타킹				
슬리퍼				
레깅스				

항목	브랜드	수량	구매(예정)일	금액
컵				
구부러지는 빨대				
손목 보호대				
산후 내의				
유축깔대기				
마스크				
튼살크림				
산후복대				
유두크림				
붓기차				
머리끈				
코로나 키트				

- 아래 빈칸에 아기의 태명을 넣은 후, 소리 내어 엄마 목소리로 읽어 주세요.

벌써 (   )(이)의 여덟 번째 이야기네.

시간이 흘러 어느덧 (   )(이)의 몸은 이전보다 훨씬 커졌습니다. 몸집이 커지고 힘도 세진 (   )(이)는 여느 때처럼 엄마에게 톡톡 발 신호를 보내고 있었지요.

그 순간, 무언가 밝은 빛이 가까이 다가온 것이 느껴졌습니다. (   )(이)는 처음으로 눈꺼풀을 뜨며 빛이 나는 쪽을 바라보았습니다.

"깜깜했던 예전과는 달리 하얗고 밝은 빛이 보이네! 엄마! 내가 또 자랐나 봐요!" (   )(이)는 자신의 이야기를 들을 수 없는 엄마가 못내 아쉬워 손으로 벽을 두드릴 뿐이었습니다.

그러자, 엄마가 웃으며 이야기했습니다.
"하하, 우리 (   )(이) 깼구나? 이제 아침이야. 오늘도 엄마랑 힘내 보자!"
엄마의 다정한 목소리를 들은 (   )(이)는 미소를 지었습니다.

잠시 후, (   )(이)는 밖의 소리가 훨씬 더 또렷하게 들리는 것을 깨달았습니다.

엄마와 아빠가 서로 대화하는 소리, 진동과 함께 들리는 청소기 소리, TV 속 웃음 소리, 심지어는 물을 트는 소리까지 들리는 게 아니겠어요?

'저 밖의 세상에는 내가 모르는 수많은 것들이 있나 봐!'

(   )(이)는 엄마와 아빠, 그리고 새로운 세상을 직접 보고 느낄 수 있다는 생각에 매일 같이 밖으로 나가는 상상을 했습니다.

하루하루 더 또렷이 들리는 소리에 집중하며 쑥쑥 자라나던 (   )(이)는 어느 날 조금씩 몸이 불편해지는 기분이 들어 팔다리를 이리저리 움직여 보았습니다.

불과 며칠 전까지만 해도 편안하게 누워서 움직일 수 있었던 집이 점점 답답하게 느껴지게 된 것이지요.

'집이 왜 이렇게 작아진 걸까?'

(   )(이)는 다시 한번 몸을 움직이며 공간을 탐색해 보았습니다.
그런데 몸을 뻗으려 할 때마다 자꾸만 벽에 부딪히게 되었습니다.

"엄마, 아빠! 집이 점점 좁아지고 있어요!" (   )(이)는 답답한 마음이 들었지만 자신의 몸이 갈수록 커지고 있다는 사실에 기뻤어요.

'이렇게 계속해서 커지면 밖으로 나가 엄마와 아빠를 만날 수 있을 거야!'

(   )(이)는 몸을 웅크리고 가장 편한 자세를 만들어 보았습니다. 다리를 구부려 한결 편안해진 자세를 찾자, (   )(이)는 다시 엄마에게 톡톡 신호를 보낼 수 있었습니다.

"(   )(이), 오늘도 사랑한다!"
엄마와 (   )(이)는 날이 갈수록 서로를 더 가깝게 느꼈습니다.

이제 (   )(이)에게는 더 큰 세상이 기다리고 있었습니다.
그 세상에서의 모험을 상상하며 (   )(이)는 다시금 깊은 잠에 빠져들었지요.

누군가를 집에 초대해본 적이 있나요?
오늘은 조금 특별한 초대장을 만들어 볼 예정입니다. 아기의 탄생을 기대하면서 아기에게 전할 '우리 집 초대장'에 관해 생각해 봅시다.

만들어진 초대장은 아기가 태어난 후에도 가족의 소중한 추억으로 남을 거예요. 아이가 자라서 이 초대장을 본다면 자신이 태어나기 전부터 얼마나 사랑받아 왔었는지 느낄 수 있겠지요?

아래 예시를 참고해본 후 우리 집 초대장을 직접 작성해 보세요.

1. 환영 인사 넣기
"사랑하는 아가야, 세상에서 가장 사랑이 넘치고 행복하며 따뜻한 집에 온 걸 환영해."

2. 집 소개
"이곳은 엄마와 아빠가 오랫동안 너를 기다리며 준비한 집이란다. 너의 행복한 웃음소리로 이 집이 가득 채워질 거야."

3. 가족 소개
"집에는 항상 너를 사랑하고 네 편이 되어 줄 엄마와 아빠가 있어."

4. 사랑의 메시지
"우리 가족이 함께 만들어 갈 매 순간들이 기대되는 구나. 매일매일 너에게 아낌없는 사랑을 줄게."

5. 아기를 향한 소망
"편안하고 행복한 이집에서 너는 건강하게 자라주기만 하면 된단다."

- 출산 예정일까지 어느 정도의 시간이 남았나요? 이제 직접 아기를 만날 날이 얼마 남지 않았다는 뜻이겠지요! 환영 인사부터 초대 날짜, 준비된 선물 등 다양한 내용을 넣어 우리 집에 오게 될 아기에게 멋진 초대장을 만들어 보세요.

오늘은 멜로디가 없는 '자연의 소리'를 들어봅시다.

자연의 소리는 평화롭고 진정 효과가 있어 마음을 안정시킵니다. 산모가 느끼는 정서적 안정감은 편안한 수면을 돕고 태아에게도 도움이 된답니다.

자연의 소리를 태교로 즐기는 방법은 어떤 것이 있을까요?

* 자연에서 산책하기
  - 시간과 장소를 마련할 수 있다면 직접 자연 속으로 나가서 산책을 즐겨보세요. 숲, 공원, 해변 등 자연 그대로의 소리를 경험해 보는 것이지요. 시각과 청각, 후각까지 다양한 감각을 통해 자연을 느껴보며 마음이 편안해질 거예요.

* 자연 소리 음원 활용하기
  - 자연의 소리를 담은 음원 서비스를 통해 집에서도 자연 소리를 들을 수 있습니다. 바람 소리, 강물이 흐르는 소리, 파도 소리, 빗소리, 숲속의 새소리 등 집중하거나 휴식을 취할 때 배경음악으로 활용해 보세요.

* 명상, 요가와 함께하기
  - 자연의 소리를 들으며 명상을 해보세요. 자연 소리를 배경으로 한 가이드 명상은 정신을 집중하는 데 효과적입니다. 또한 요가를 할 때 자연 소리를 틀어두면 몸과 마음을 이완하는 데 도움이 되므로 더 높은 운동 효과를 얻을 수 있습니다.

* 수면에 활용하기
  - 편안한 자연의 소리를 들으며 눈을 감고 수면을 유도해 보세요. 더 깊은 수면을 도와주는 효과가 있답니다.

* 듣고 싶은 자연의 소리가 있다면 적어 보세요.

* 눈을 감고 적어보았던 자연의 소리를 느껴 보세요.
(다양한 활동과 함께 해도 좋습니다.)

* 자연 소리를 들은 후 간단하게 감상 후의 소감을 적어 보세요.

태교 한 장 Day 14

[문제 풀어 보기] 미스테리 수수께끼 4

- 엄마의 적극적인 두뇌 활동은 태아의 두뇌 발달에도 좋은 영향을 주지요. 미스테리한 수수께끼 문제를 풀어 보는 것은 어떤가요? 아래 이야기를 꼼꼼히 읽어 본 후 추리를 통해 문제를 풀어 보세요.

"익숙한 숫자라니, 이 숫자들이 어떤 의미인지 혹시 짐작 가는 바가 있나요?" 제임스가 물었습니다.

브라운은 잠시 고민하다가 천천히 입을 열었습니다.
"사실, 이 숫자들은 어릴 때 자주 보았던 숫자와 비슷해요. 제 기억 속 어딘가에 깊이 새겨져 있는 것 같아요. 하지만 정확히 무엇을 의미하는지는 아직 잘 모르겠어요."

"어릴 때 보았던 숫자라면, 그 당시의 이야기를 들어야만 합니다. 기억나는 것을 모두 이야기해 보세요."

브라운은 한참 동안 머릿속을 정리하는 듯한 표정으로 생각에 잠겼습니다.
그리고는 조심스럽게 입을 열었습니다.

"어렸을 때... 저에게는 동생이 있었어요. 하지만 그 동생은 아주 어릴 때 부모님이 비밀리에 어딘가로 보냈다고 들었죠. 그때는 너무 어렸기 때문에 아무것도 이해하지 못했어요. 그저 부모님께서 하시는 말씀에 따라야만 했고, 동생이 있다는 사실을 잊고 지내왔죠."

제임스는 브라운의 이야기를 듣고 나서 눈빛이 날카로워졌습니다.

"그 동생의 존재가 이 암호문과 연결되어 있을 가능성이 큽니다. 혹시 그 동생에 대해 더 자세히 기억나는 것이 있나요?"

브라운은 기억을 더듬으며 이야기를 이어 갔습니다.

"동생이 태어났을 때, 부모님은 그 아이를 '가문의 비밀'이라고 불렀어요. 무언가 중요한 임무를 지니고 있는 것 같았죠. 하지만 그 후로는 아무 말도 듣지 못했어요. 그러다 어느 날, 동생이 사라졌어요. 부모님은 동생이 안전한 곳으로 보내졌다고만 말씀하셨죠."

제임스는 암호문을 다시 꼼꼼히 살펴보았습니다. 뒷장을 펼쳐 보니, 앞장과는 다른 또 다른 암호가 보였습니다.

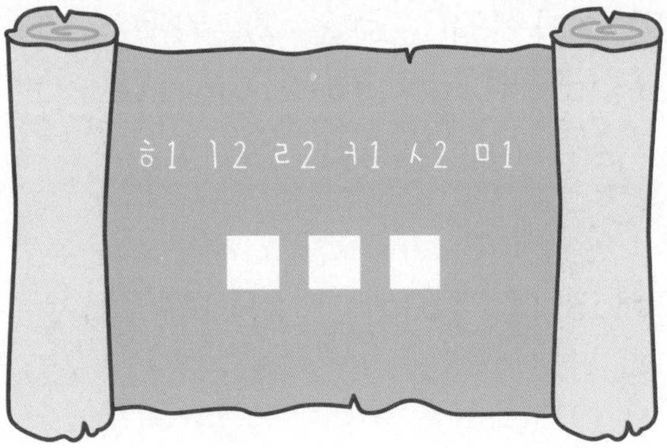

해당 암호는 무엇을 가리키는 것일까요?

*정답
한글 + 숫자로 글자를 조합하고, 빈칸을 통해 3글자임을 알 수 있다.
자음 'ㅎ'이 1개, 모음 'ㅣ'가 2개, 자음 'ㄹ'이 2개, 모음 'ㅓ'가 1개, 자음 'ㅅ'이 2개, 'ㅁ'이 1개임을 생각하고 글자를 조합해보면 '실험실'이라는 단어가 완성된다.

"브라운 씨, 동생이 혹시 이 단어와 관련되어 있나요?"
제임스에게서 암호의 답을 확인한 브라운은 사색이 되었습니다.

"실험실은... 과학자인 부모님이 매일 저녁이 되면 가던 곳이요. 저에게는 항상 어떤 곳인지 말씀해 주지 않으셨지요. 설마 부모님이 동생에게 무언가 실험을 하려던 것이었을까요?" 브라운은 걱정이 가득한 눈빛으로 제임스를 바라보았습니다.

"아직 결정적인 단서는 나오지 않았어요. 우선 그 실험실로 가 보도록 하죠."
제임스가 신발 끈을 고쳐 매며 말했습니다.

태교 한 장 Day 15

[영어로 말해요] 너의 생김새

- 아래 내용의 빈칸을 채워 보고, 소리 내어 읽어 보세요. 더 쓰고 싶은 내용이 있다면 내용을 추가해도 좋아요!

Dear baby in my belly, are you doing well today?
배 속에 있는 나의 아가야, 오늘도 잘 있니?

The first time I saw you through the ultrasound, you looked so cute, just like (   ).
초음파 사진을 통해 처음 본 너는 (ex. a little jelly bear. / 젤리곰처럼) 아주 귀여웠어.

When your tiny arms and legs moved around, I couldn't help but laugh at how adorable you were.
작고 작은 네가 팔다리를 마구 흔들었을 때, 엄마는 귀여운 네 모습에 웃음이 터졌었지.

As time went by and you grew a little bigger,
(   )
시간이 조금 지나 몸이 조금 커진 너는,
(ex. you even waved at me. / 엄마에게 손을 흔들어주기도 했어.)

When I saw your face through the 3D ultrasound, it was amazing because(   )
입체 초음파를 통해 본 너의 모습은 너무 신기했어. 왜냐하면
(ex. you looked like your dad. / 왠지 네 아빠의 모습을 닮은 것 같았거든.)

What a new and exciting experience it was for me!
정말이지 새롭고 신나는 경험이었어!

During the recent check-up, you

(   )

얼마 전 병원 정기검진에서 본 너는 (ex. were dancing around like a little mischievous kid. / 마치 장난꾸러기 처럼 춤을 추었어.)

What will you look like when you finally come into this world?

네가 세상에 나왔을 때는 어떤 모습일까?

Will you have big eyes, a high nose, pretty lips, and a tall height?

눈이 크고, 코가 오똑하고, 예쁜 입술에 큰 키를 가졌을까?

No matter what you look like,

(   )

네가 어떤 모습이던,

(ex. I will love you the most in the world. / 엄마는 세상에서 너를 가장 사랑할 거야.)

To me, your eyes, nose, lips, tiny hands, and even the smallest wrinkle are (   )

나에게는 너의 눈, 코, 입, 작은 손과 주름 하나까지도

(ex. so precious. / 너무나 소중한 걸.)

Please remember that (   )

이 사실을 기억해 줘

(ex. I will always love you. / 엄마는 언제나 널 사랑할거야.)

I pray every day that you grow up healthy.

그저 건강하게만 자라 주길 매일 같이 기도한다.

임신을 한 후 나의 모든 삶은 배 속 아기에게 맞춰지곤 하지요.
오늘은 잠시 '나'에게 집중하도록 합시다.

나 자신을 사랑하는 것은 삶의 모든 영역에서 긍정적인 변화를 가져오며, 행복하고 건강한 삶을 살아가는 데 필수적입니다.

자기 자신을 사랑하는 사람은 일반적으로 높은 자존감을 가지고 있습니다. 이러한 자존감은 인생의 도전과 역경에 직면했을 때 더욱 힘을 발휘하며 어려움 속에서도 나를 금세 회복하게 만듭니다.

또한 자신을 사랑할 줄 아는 사람은 다른 사람에게도 사랑을 베푸는 경향이 있습니다. 자신의 가치를 인식하고 이를 바탕으로 타인과 더욱 균형 잡힌 관계를 유지하게 되는 것이지요.

자신에 대한 긍정적인 인식과 자신을 향한 존중은 일상의 작은 즐거움을 더 깊이 느끼게 하고, 삶에 대한 전반적인 만족감을 증진하게 합니다. 아래에서 나 자신을 아끼고 사랑하는 몇 가지 습관에 관해 읽어본 후 실천해 봅시다.

< 나 자신을 사랑하는 작은 습관 >

- 혼자 식사할 때 예쁘게 차려 먹기
- 목욕, 피부 관리, 마사지, 운동 등 자기 관리 시간 갖기
- 일기 쓰기, 나에게 편지 쓰기
- 취미 활동 즐기기
- 나의 인생 그래프 그리기, 성장의 목표 설정하기
- 힘들고 지칠 땐 충분한 휴식 취하기

이제, '나'에 관한 몇 가지 쓰기 활동을 진행해 봅시다.

1. 나를 인정하기

* 나의 강점과 약점은 무엇인가요?
  나 자신을 온전히 이해하고 받아들이세요.

2. 나의 한계 설정하기

* 나 자신을 지나치게 옭아맨다면 금방 지칠 거예요.
  다른 사람의 기대와 요구는 신경 쓰지 말고,
  '나'에게 초점을 두어 나의 한계선을 명확히 그어 주세요.
  (ex. 몸이 힘들 때는 꼭 쉬어 주기, 부탁이라고 무조건 수용하지 않기 등)

3. 나와 긍정적으로 대화하기

* 당신을 지지하는 주변 사람들과 시간을 보낼 때 어떤 이야기를 듣나요?
  그들처럼 나에게 격려하는 말을 건네 보세요.

아이들은 성장 과정에서 크고 작은 어려움을 경험하게 됩니다.
이러한 경험은 개인의 인격 형성에 매우 중요한 역할을 하지요.
일반적으로 아이들이 겪을 수 있는 힘든 일에는 무엇이 있을까요?

* 학교에서의 문제
  - 학교 적응에 대한 어려움
  - 친구 사이의 갈등과 불화
  - 학업과 성적에 대한 스트레스

* 가족 내 문제
  - 형제와의 경쟁 또는 갈등
  - 부모님과의 갈등과 불화

* 개인적 문제
  - 실패를 겪으며 자존감이 낮아지는 경험
  - 정체성이 확립되는 시기의 혼란

어려움과 도전은 피할 수 없는 인생의 일부분입니다. 아이들이 이러한 시험을 겪는 동안 부모의 지지와 격려가 뒷받침 되어준다면 아이들은 교훈을 얻고 성장할 수 있는 토대를 쌓게 될 거예요.

어려움을 잘 극복한 아이는 회복탄력성이 높아져 실패 상황에서도 금방 회복하고 다시 도전에 나서게 됩니다. 문제 상황에서 감정을 조절하고 적절한 해결책을 찾는 사고 능력 또한 발달하게 되지요.

내 아이의 더 나은 미래를 위하여 어려움을 극복할 수 있도록 도와주는 활동지를 작성해 보세요.

* 경청과 공감의 말
(ex. 그랬구나. 정말 힘들었겠어.)

* 긍정적인 피드백
(ex. 그 상황에서 친구에게 화를 내지 않고 꾹 참았다니, 정말 대견해!)

* 문제 해결 능력을 키우는 말
(ex. 왜 그런 일이 일어났다고 생각하니? 어떻게 하면 더 좋았을까?)

* 정서적 지지의 말
(ex. 괜찮아, 잘했어. 힘든 일이 있을 땐 언제나 엄마에게 털어놔 보렴.)

* 모범이 되는 예시 들기
(ex. 엄마도 어릴 때 이런 적이 있었어. 그럴 땐 이렇게 해보았단다.)

아이가 할머니, 할아버지, 이모와 고모, 삼촌 등 확장된 가족 구성원들과 교류하는 것은 발달에 매우 좋은 영향을 줄 수 있습니다. 다양한 세대와의 상호작용은 아이에게 여러 방면에서 이점을 제공하지요.

* 정서적 안정감
 - 확장된 가족 관계는 아이에게 사랑과 지지를 더 많이 받을 수 있게 합니다. 사랑을 많이 받는 아이는 정서적으로 안정감을 느끼고 건강하게 성장하지요.

* 언어 및 인지 발달
 - 다양한 연령대의 사람들과의 대화는 아이의 언어 능력을 향상시킵니다. 또한 세대 간의 다른 시각과 지식을 통해 아이의 인지적 호기심과 탐구력을 촉진합니다.

* 문화적 전통과 가치 전달
 - 할머니, 할아버지 등의 가족 구성원은 가족의 역사와 문화적 전통을 아이에게 전달하는 역할을 합니다. 아이는 이를 통해 자신의 뿌리와 정체성을 이해하고 가족의 가치관을 자연스럽게 배우게 됩니다.

* 유연성과 적응력
 - 다양한 나이대의 가족 구성원과 시간을 보내는 아이는 다른 사람의 습관이나 생활 방식에 적응하는 법을 배웁니다. 이는 아이의 유연성을 증진시키며 새로운 환경이나 변화에 더 쉽게 적응하도록 하지요.

* 역할 모델 제공
 - 아이는 가족들을 관찰하며 자신이 커 가며 어떤 사람이 되고 싶은지, 어떤 가치를 중요하게 생각할지 모델링합니다.

- 엄마와 아빠, 혹은 형제자매 이외에도 할머니와 할아버지, 삼촌과 이모 등 앞으로 자주 볼 수 있는 가족들에 대해 생각해 보고, 그들을 사진으로 소개해 주세요.

오늘 엄마는 어떤 삶을 보냈나요?
특별한 것이 없는 일상이라도 자세히 기록해 둔다면 임신 생활의 추억으로 남게 될 거예요.

오늘은 엄마의 하루에 관해 아기에게 이야기를 전하는 편지를 작성해 보려고 합니다. 어떤 내용을 담는 것이 좋을까요? 아래 예시를 살펴본 후 직접 하루를 기록하는 편지를 써보도록 합시다.

* 일상의 소소한 사건
  - 그날 있었던 일 중 기억에 남는 사건이나 소소한 일화를 공유하기
    ex) 하품아, 오늘은 엄마가 산책을 하다가 사마귀라는 곤충을 보았어. 몸 색깔은 초록색이었고, 앞다리는 마치 낫을 들고 있는 것 처럼 생겼단다.

* 엄마의 감정의 변화
  - 그날 느꼈던 감정이나 기분의 변화 표현하기
    ex) 사실 엄마는 곤충을 별로 좋아하지 않았어서 처음엔 무서웠는데, 가만 보니 사람을 해치려 하지는 않는 것 같아서 괜찮아졌어. 아들 엄마가 되고 나니 겁이 조금씩 없어지는 걸까?

* 아이에 대한 기대와 소망
  - 미래의 아이에게 바라는 것을 이야기하기
    ex) 네가 커서 이곳에 함께 산책을 오게 된다면 더 다양한 곤충들을 볼 수 있을거야. 그 때는 엄마 손을 잡고 여기 저기 많이 걸어다니며 더 멋진 것들을 많이 보자. 우리 집 앞에 있는 산에 올라가면 더 신기하고 재미있는 광경을 볼 수 있을 거야! 오늘도 건강하렴 나의 사랑하는 아가야.

* 날짜 : 20 년 월 일

* 날씨 :

* 오늘의 소소한 사건

* 엄마의 감정 변화

* 너를 향한 기대와 소망

태교 한 장 Day 80

[만날 날을 준비해요] 엄마에게 필요한 것
(2)출산 전 해야 할 일

- 아래 항목을 보면서 출산 전 반드시 해 두어야 할 일에 대해 생각해 보고, 나에게 맞게 수정해 보세요.

항목	진행 유무
산후조리원 예약하기	
보험 가입하기	
태교 여행가기	
산전 마사지 받기	
아기 빨래하기	
산후 도우미 예약하기	
아기 침대 조립하기	
아기 용품 소독하기	
젖병 소독 및 연마제 제거하기	
카시트 설치하기	

- 기타 추가로 필요한 항목을 정리해 보세요.

항목	진행 유무
브라질리언 왁싱 받기	
에어컨, 공기청정기 청소하기	
아기 이름 지어보기	
막달 운동하기	
분유, 기저귀 등 브랜드 알아보기	

- 아래 빈칸에 아기의 태명을 넣은 후, 소리 내어 엄마 목소리로 읽어 주세요.

(　　　)(이)의 아홉 번째 이야기를 들려줄게.

어느 고요한 밤이었습니다.

(　　　)(이)는 깊은 잠에서 깨어나 주위를 둘러보았어요. 캄캄한 밤이라는 것을 알 수 있었지요. 그런데 오늘은 평소와는 다른 기분이 들었습니다. 마치 무언가 중요한 일이 곧 시작될 것만 같은 느낌이었지요.

"이제는 엄마와 아빠를 만날 준비를 해야겠어."

팔과 다리를 마음껏 뻗을 수 없을 정도로 자란 (　　　)(이)는 조금씩 몸을 돌려 보았습니다. 그러다 문득, (　　　)(이)는 아래로 내려가고 싶은 강한 충동을 느꼈어요. 그곳으로 가야만 엄마를 만날 수 있을 것 같다는 생각이 들었지요.

"아래로, 아래로! 더 아래쪽으로 가야만 해!"

(　　　)(이)는 조심스럽게 머리를 아래쪽으로 향하도록 움직였습니다.
집이 좁아진 탓인지 쉬운 일은 아니었지요.

그때, 늘 집 밖에서 (　　　)(이)를 지켜 주며 응원하고 있던 (　　　)(이) 왕국의 백성들이 (　　　)(이)에게 이야기했습니다.
"(　　　)(이)님! 힘을 내세요! 당신은 할 수 있어요!"

(　　　)(이)는 응원에 힘입어 다시 몸을 움직일 수 있었습니다. 몸을 더 단단하게 웅크리고, 계속해서 머리를 내리며 안간힘을 썼지요.

아래로 내려가면 내려갈수록 바로 그곳이 엄마를 만나기 위해 준비해야 하는 자리라는 것을 직감적으로 알게 되었습니다.

잠시 후, 엄마의 목소리가 들렸습니다.

"우리 사랑하는 (   )(이)! 엄마, 아빠를 만나려고 준비하는 중이구나? 정말 잘 하고 있어!"

(   )(이)는 엄마의 따뜻한 목소리를 들으며 더욱 기운을 냈습니다.
이제 곧 엄마와 아빠를 만나게 된다는 생각에 너무나도 설렌 (   )(이)는 엄마에게 대답의 뜻으로 발 톡톡 신호를 보냈습니다.

"엄마도 (   )(이)를 얼른 만나고 싶네. 우리 건강한 모습으로 씩씩하게 보자!"
엄마는 토닥토닥 (   )(이)의 집을 두드려 주었습니다.

(   )(이)는 환하게 미소를 지으며 속으로 이야기했습니다.
'엄마! 우리 곧 만나요!'

(   )(이)는 더 이상 낯설지 않은 이 자리에서 깊은 잠에 빠져들었습니다.

꿈속에서는 엄마, 아빠를 만나 함께 새로운 세상을 모험하는 상상을 했지요.
늘 곳간을 통해서 받아먹었던 다양한 음식을 (   )(이)의 입으로 직접 먹고, 소리로만 듣던 세상을 눈으로 직접 보는 꿈을 꾸며 (   )(이)는 행복했습니다.

그렇게 (   )(이)는 정말로 큰 세상으로 나갈 준비를 하고 있었습니다.

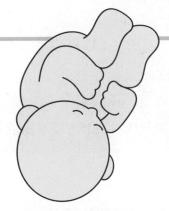

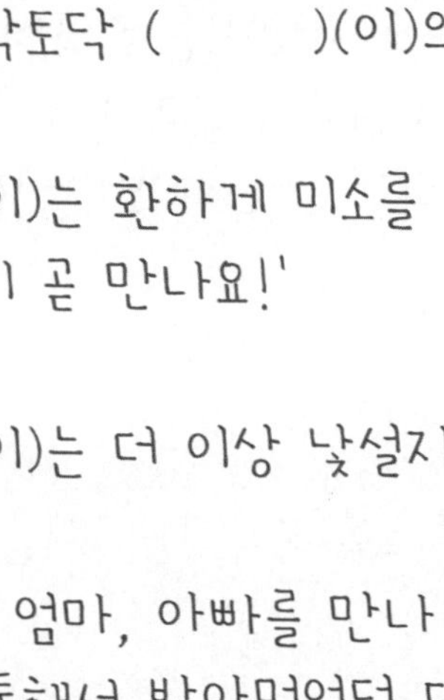

태교 한 장 Day 82

[그림 그리기] 너의 헤어스타일

아기의 배냇머리는 신생아가 처음 태어났을 때 가지고 있던 머리카락을 의미합니다. 신생아의 배냇머리는 특히 얇고 부드러우며, 아기가 자라면서 이 머리카락은 빠지고 새로운 머리카락이 자라나는 과정을 거치게 되지요.

신생아의 머리카락은 보통 몇 달 내에 자연스럽게 빠지며, 그 후에 더 건강하고 굵은 머리카락이 자라나기 시작합니다.

아기의 발달 상황마다 다르지만, 일반적으로 6개월에서 1년 사이에 머리카락이 자라며 처음으로 미용을 할 수 있게 되지요. 그렇다면 아기에게 시도할 수 있는 헤어스타일에는 무엇이 있을까요?

* 픽시컷 스타일
  - 짧은 헤어스타일로 관리가 쉬우며 아기가 머리카락을 잡아당기는 것을 방지할 수 있습니다.

* 버섯머리
  - 뱅 스타일에서 좀 더 긴 형태의 머리입니다. 귀여움을 한껏 강조한 스타일이랍니다.

* 헤어핀과 묶음머리를 활용한 스타일
  - 여자아이의 경우, 헤어핀과 다양한 묶음머리로 스타일링을 할 수 있습니다.

* 모자를 활용한 스타일
  - 다양한 무늬와 형태의 모자를 활용한 스타일은 색다른 이미지로 또 다른 포인트를 줄 수 있습니다.

- 어떤 모습이어도 귀엽고 예쁠 우리 아이! 단, 아기의 머리 스타일을 결정할 때는 머리카락 상태와 성장 정도, 피부 민감성을 고려해야 한답니다.

생각해 두었던 아이의 헤어 스타일이 있나요? 사랑스러움을 극대화할 수 있는 우리 아이만의 헤어스타일을 아래에 그림으로 표현해 보세요.

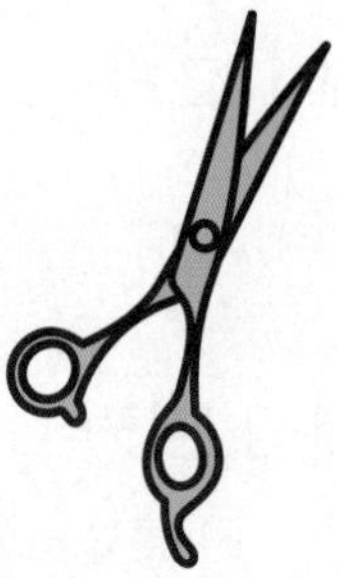

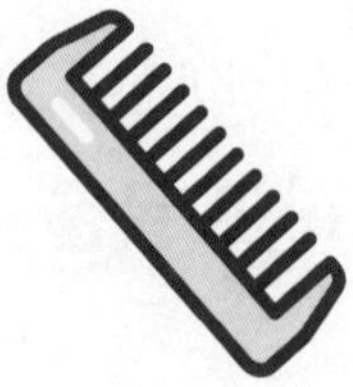

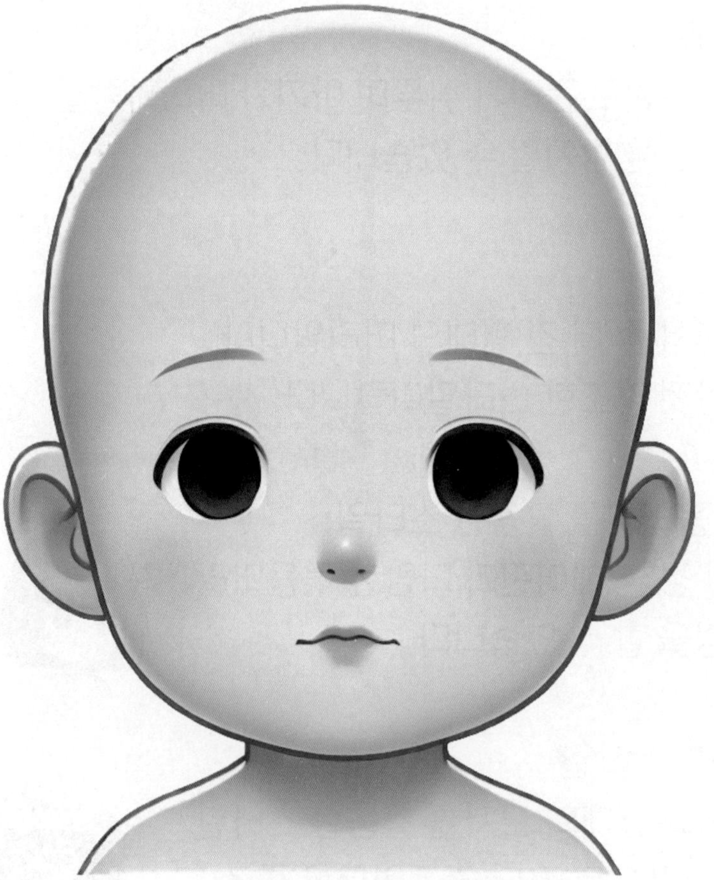

오늘의 태교 음악은 춤이 절로 나오는 댄스 음악입니다.

댄스 음악은 밝고 활기찬 리듬으로 임산부에게 즐거움과 활력을 더해줍니다. 음악의 리듬을 통해 가볍게 춤을 추는 등 재미 요소가 더해져 있기 때문이지요. 댄스 음악에도 여러 장르가 있습니다.

* 하우스
- 강한 베이스라인과 전자 리듬을 특징으로 한 음악입니다. 감각적인 멜로디와 반복적인 리듬 패턴을 사용하여 에너지가 넘치는 분위기를 조성하며, 그루브에 중점을 두었습니다.

* 테크노
- 하우스 음악보다는 좀 더 빠른 편이며, 강한 비트와 반복적인 멜로디가 특징입니다. 테크노 음악에서는 기계적인 사운드를 즐길 수 있습니다.

* 디스코
- 디스코 음악은 1970년대에 큰 인기를 얻은 장르로, 화려한 리듬과 멜로디, 반짝이는 사운드가 특징입니다.

* 펑크
- 펑크 음악은 댄스 음악에서 좀 더 자유분방한 형태로, 강렬하고 직접적인 사운드를 자랑합니다.

* K-pop
- 한국에서 발전한 팝 음악 장르로, 귀에 쏙 들어오는 멜로디와 복잡한 댄스 루틴이 특징입니다. 특히 시각적으로 매우 다양한 퍼포먼스를 선보이는 K-pop은 전 세계적으로 큰 팬층을 보유하고 있는 음악 장르입니다.

- 신나는 댄스 음악은 자연스럽게 몸을 움직이게 만들고,
  에너지를 불어넣어 줍니다.

아래 내용에 따라 일상생활을 더욱 활기차게 보낼 수 있도록
춤이 절로 나오는 댄스 음악을 감상해 봅시다.

* 좋아하는 댄스 음악이 있다면 곡명을 모두 적어 보세요.

* 위에서 적은 음악을 들어 보며 가볍게 몸을 움직여 보세요.
  오늘 나에게 특별히 즐거움을 주는 곡이 있다면 무슨 곡인가요?

* 해당 음악에 맞춰 리듬을 타며 즐겨 보세요.

* 음악을 다 들은 후 신나는 감정 그대로 아기에게 전하고 싶은 메시지를
  작성해 보세요.

- 엄마의 적극적인 두뇌 활동은 태아의 두뇌 발달에도 좋은 영향을 주지요.
  아래 문제를 풀어 답을 구해 보세요.

다음 건물의 정면 벽에는 동일한 크기의 창문이 5층에 걸쳐 설치되어 있고, 각 층에는 창문이 6개씩 있습니다. 만약 창문 하나의 넓이가 4 m^2 라고 할 때, 건물 정면에 설치된 모든 창문의 총 넓이를 구하세요.

건물 앞에는 총 25그루의 나무를 심으려고 합니다. 첫 번째 나무와 마지막 나무 사이의 거리가 120미터라면, 나무를 몇 미터 간격으로 심어야 할까요?

루나가 제조하는 마법약에는 다양한 비율의 마법가루가 사용됩니다.
40% 마법가루가 포함된 마법약 150g과 20% 마법가루가 포함된 마법약 150g을 섞었습니다.

이 두 가지 마법약이 섞인 후, 전체 마법약에서 마법가루의 비율은 몇 퍼센트일까요?

* 정답

- 각 마법약의 마법가루 양
  40% 마법가루가 포함된 마법약 150g의 경우:
  마법가루 양 = 150g × 0.4 = 60g
  20% 마법가루가 포함된 마법약 150g의 경우:
  마법가루 양=150g×0.2=30g

- 혼합된 마법약의 총 마법가루 양 계산:
  총 마법가루 양 = 60g +30g = 90g

- 혼합된 마법약의 총 중량 계산:
  총 중량 = 150g + 150g = 300g

- 혼합된 마법약의 마법가루 비율 계산:
  마법가루 비율 = (총 마법가루 양) / (총 중량) x 100 = 90g / 300g x 100 = 30%

- 아래 내용의 빈칸을 채워 보고, 소리 내어 읽어 보세요.
  더 쓰고 싶은 내용이 있다면 내용을 추가해도 좋아요!

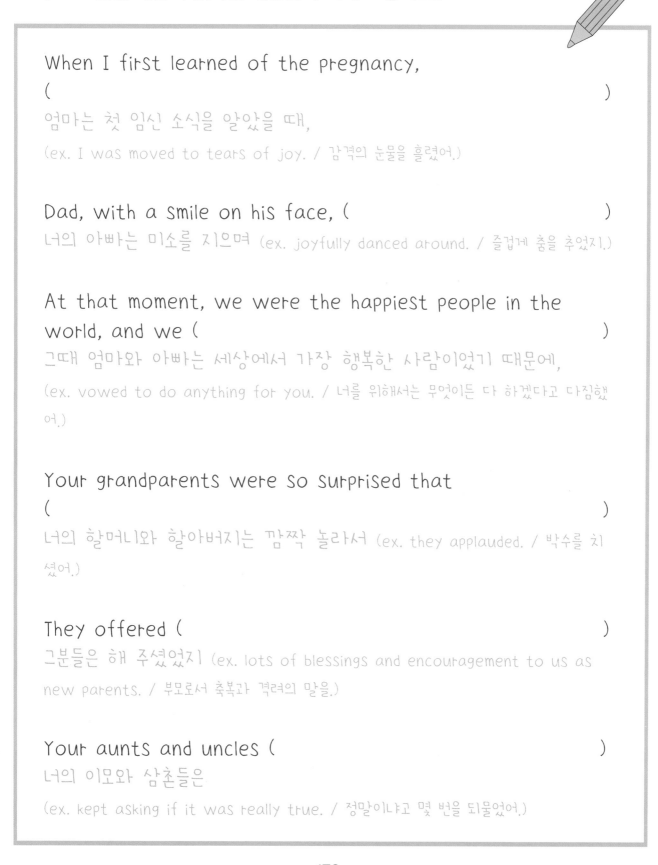

When I first learned of the pregnancy,
( )
엄마는 첫 임신 소식을 알았을 때,
(ex. I was moved to tears of joy. / 감격의 눈물을 흘렸어.)

Dad, with a smile on his face, ( )
너의 아빠는 미소를 지으며 (ex. joyfully danced around. / 즐겁게 춤을 추었지.)

At that moment, we were the happiest people in the world, and we ( )
그때 엄마와 아빠는 세상에서 가장 행복한 사람이었기 때문에,
(ex. vowed to do anything for you. / 너를 위해서는 무엇이든 다 하겠다고 다짐했어.)

Your grandparents were so surprised that
( )
너의 할머니와 할아버지는 깜짝 놀라서 (ex. they applauded. / 박수를 치셨어.)

They offered ( )
그분들은 해 주셨었지 (ex. lots of blessings and encouragement to us as new parents. / 부모로서 축복과 격려의 말을.)

Your aunts and uncles ( )
너의 이모와 삼촌들은
(ex. kept asking if it was really true. / 정말이냐고 몇 번을 되물었어.)

Mom and Dad's friends

(　　　　　　　　　　　　　　　　　　　　　　　　　　　　　　　　)

엄마와 아빠의 친구들은

(ex. sent congratulatory gifts as well. / 축하 선물을 보내주기도 했어.)

We received

(　　　　　　　　　　　　　　　　　　　　　　　　　　　　　　　　)

우리는 이런 선물을 받았어.

(ex. candies to ease morning sickness, as well as cute clothes, shoes, and hats. / 입덧을 완화하기 위한 사탕과 귀여운 옷, 신발, 모자 등)

Everyone (　　　　　　　　　　　　　　　　　　　　　　　　　　　)

모두들

(ex. is looking forward to your arrival and showering you with blessings. / 너의 탄생을 기대하며 축복을 전해 주고 있어.)

My dear baby, as you have been blessed by so many, I hope

(　　　　　　　　　　　　　　　　　　　　　　　　　　　　　　　　)

사랑하는 나의 아가, 많은 이들에게 축복을 받은 만큼 엄마는 바라

(ex. you grow up healthy and happy. / 네가 건강하고 행복하길.)

연구에 따르면, 웃음은 스트레스 호르몬을 감소시키고 면역 체계를 강화하는 효과가 있습니다. 특히 심장 건강을 향상시키고 통증을 줄이는데도 도움을 줄 수 있지요.

임산부의 긍정적인 정서를 유지하는 데 '웃음'은 아주 중요한 역할을 합니다. 다음 질문을 살펴보며 개인의 삶의 질을 높이고 건강을 증진할 수 있도록 하는 웃음에 대해 생각해보도록 합시다.

* 오늘 가장 웃긴 순간은 언제였나요?

* 가장 웃겼던 영화나 TV 프로그램은 무엇이었나요?

* 어떤 유형의 유머가 당신을 가장 많이 웃게 만드나요?

* 당신을 가장 웃게 만드는 사람은 누구인가요?

* 나의 웃음소리는 어떤지 묘사해 볼까요?

* 나와 웃음코드가 가장 잘 맞는 사람은 누구인가요?

* 웃고 싶지만 참아야 했던 적이 있나요? (어떤 상황이었나요?)

* 위의 상황에서 웃음을 어떻게 참아낼 수 있었나요?

* 난 어떤 미소를 가지고 있는지 묘사해 볼까요?

* 가족이나 친구들과 모두 함께 크게 웃었던 적이 있나요?

- 살면서 가장 크게 웃었던 일을 꼽으라면 기억나는 일이 있나요?
  웃음 에피소드를 기록해 두면 힘든 순간이나 우울할 때
  즐겁게 나의 마음을 다스릴 수 있답니다.

  단순한 즐거움을 넘어 건강에도 좋은 영향을 미치는 웃음!
  다음에 나를 또 웃도록 하기 위해 재미있었던 웃음 에피소드를
  꺼내보도록 해요. 내 인생의 웃긴 일화들을 떠올려 보고,
  Best 3 사건을 선정하여 적어 봅시다.

- 사건명 :
- 때와 장소 :
- 일화 :

- 사건명 :
- 때와 장소 :
- 일화 :

- 사건명 :
- 때와 장소 :
- 일화 :

[미리 생각해요] 하고 싶은 일이 생겼을 때

목표란 인생의 방향을 제시하고 개인의 성장을 촉진하는 중요한 역할을 합니다. 아이가 하고 싶은 일이 생겼을 때는 자신의 목표를 잘 다루어낼 수 있도록 부모로서 방법을 알려주고 지지해 주는 것이 필요합니다. 즉, 물고기를 잡아주는 것이 아닌 물고기 잡는 법을 알려주고 잘 잡을 수 있도록 응원해 주어야 하는 것이지요.

엄마는 아이의 보호자이기도 하지만 삶을 먼저 살아 본 인생의 선배이기도 합니다. 또한 아이에게는 처음으로 애착 관계를 형성한 사람이기도 하지요. 때문에 엄마의 지지와 조언은 아이가 자신의 가치를 중요하게 생각하도록 하며, 굉장히 큰 영향을 줄 수 있습니다.

오늘은 나의 아이가 커서 무언가 하고 싶은 일이 생겼을 때 조언을 할 수 있는 이야기에 관해 생각해 보도록 합시다.

* 목표의 중요성 강조
  - 목표를 세우고 실천하는 것이 왜 중요한지에 대해 설명해 주세요.

* 인내의 중요성 부각
  - 목표를 세운다고 모두 쉽게 이루어지는 것이 아니지요. 성취를 향한 여정이 항상 쉽지만은 않으므로 인내가 중요하다는 것을 알려 주세요.

* 실제 사례 제시
  - 엄마나 가족 구성원들의 이야기를 직접 들려주며 목표 달성이 가능한 것임을 설명해 주세요.

* 격려의 말 언급
  - 세상을 살아 갈 아이에게 긍정적이고 희망적인 메시지를 남겨 주세요.

* 엄마에게 목표란?
(본인이 생각하는 목표의 정의를 적어보고, 왜 중요한지에 대해 적어 보세요.)

* 엄마가 겪었던 일
(엄마가 하고 싶었던 일이 있었다면 어떻게 해냈는지 성공 경험에 관해 자세히 들려주세요.)

* 목표 달성을 위한 조언
(아이가 자신의 목표를 이뤄내길 바라는 마음으로 다양한 조언을 해 보세요.)

* 격려와 지지의 말
(글을 마무리 하며 아이의 가장 첫 번째 편이 되어 주세요.)

오늘은 하루를 보내며 사진을 찍는 시간을 갖도록 해요.

임신 기간 동안 여러 변화를 많이 느끼게 되었지요?
하루 동안의 이야기를 사진으로 기록하게 된다면 일상 속 아름다움을 눈으로 발견하게 되면서 그전에는 느끼지 못했던 찰나의 순간을 더 긍정적으로 바라볼 수 있을 거예요.

* 아침 루틴
- 어떤 방식으로 하루를 시작하나요? 차를 마시거나 아침 식사를 준비하는 등의 장면을 촬영해 보세요.

* 산책
- 자연 속에서 시간을 보내며 꽃, 나무, 하늘같이 예쁜 풍경을 촬영해 보세요. 눈이 편안해질 거예요.

* 가족과의 시간
- 가족과 함께 보내는 소중한 시간, 특히 아기 아빠와의 모습을 기록으로 남겨 보세요.

* 음식
- 아침, 점심, 저녁으로 먹은 음식과 간식으로 준비한 과일, 견과류 등의 사진을 먹기 전에 예쁘게 찍어 보세요.

* 일상 속 디테일
- 오늘 하루의 작은 순간들을 찍어보세요. 강아지와의 놀이, 예쁜 조명 아래의 공간, 편안한 옷차림 등 일상의 소소한 순간을 찍어 놓으면 나중에 돌아봤을 때 따뜻한 기억으로 남을 수 있답니다.

- 오늘은 아기를 만나기까지 며칠 정도 남아 있나요?
  나의 하루를 온전히 알 수 있는 사진을 붙여 보세요.
  임신 주수와 날짜, 시간대, 약간의 설명을 덧붙여 주면 더욱 좋아요!

태교 한 장 Day 89

[너에게 쓰는 편지] 내일의 너에게

내일은 어떤 하루를 보낼 계획인가요?

하루를 미리 계획하면 중요한 일을 놓치지 않고 시간을 효율적으로 활용할 수 있습니다.

식사 시간, 운동 시간, 휴식 시간 등 임산부에게 꼭 필요한 시간을 미리 계획하여 배치해 본다면 균형 있는 하루 루틴을 습관으로 유지하여 더욱 건강한 임신 생활을 할 수 있게 되지요.

태아의 경우 임신 7-8개월부터는 자궁으로 들어오는 빛을 통해 낮과 밤을 느낄 수 있기 때문에, 혹시 집에서 휴식을 취하고 있는 임산부라면 낮과 밤이 바뀌지 않도록 신경 쓰는 것이 좋답니다.

다음 예시와 같이 내일의 하루를 계획해 본 후 내일 함께 할 아기에게 편지를 써보도록 합시다.

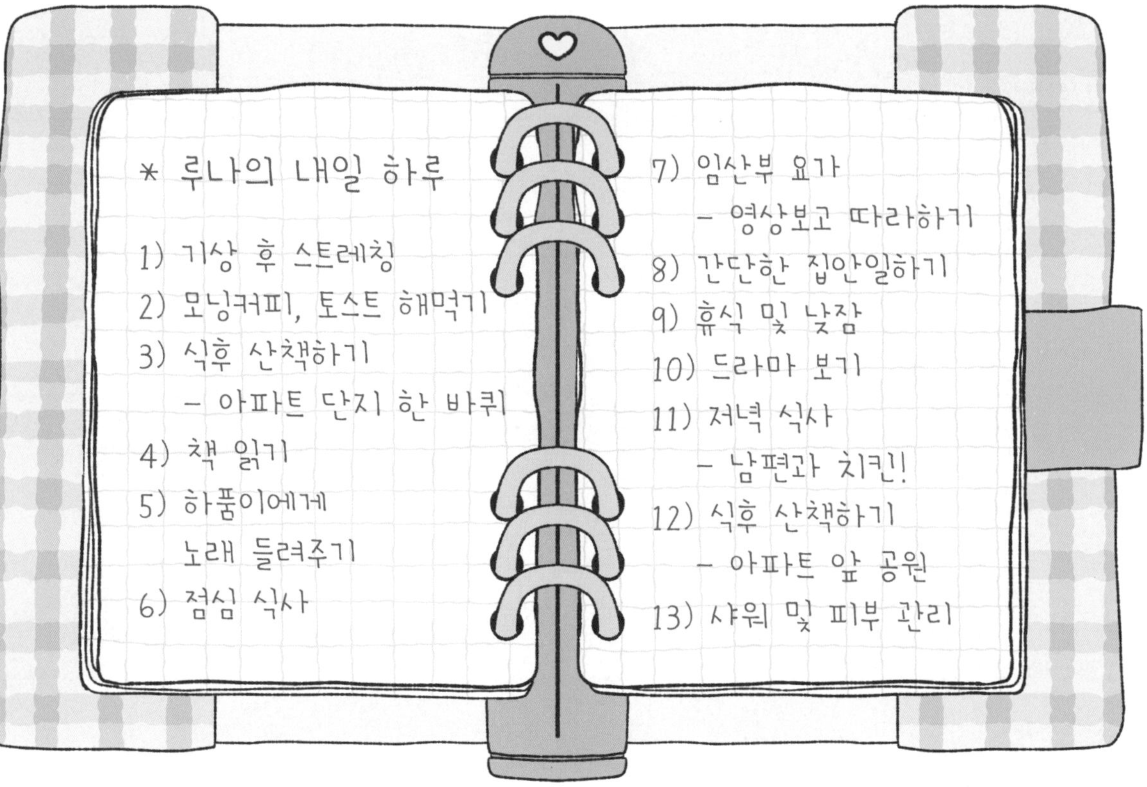

* 루나의 내일 하루
1) 기상 후 스트레칭
2) 모닝커피, 토스트 해먹기
3) 식후 산책하기
- 아파트 단지 한 바퀴
4) 책 읽기
5) 하품이에게
노래 들려주기
6) 점심 식사
7) 임산부 요가
- 영상보고 따라하기
8) 간단한 집안일하기
9) 휴식 및 낮잠
10) 드라마 보기
11) 저녁 식사
- 남편과 치킨!
12) 식후 산책하기
- 아파트 앞 공원
13) 샤워 및 피부 관리

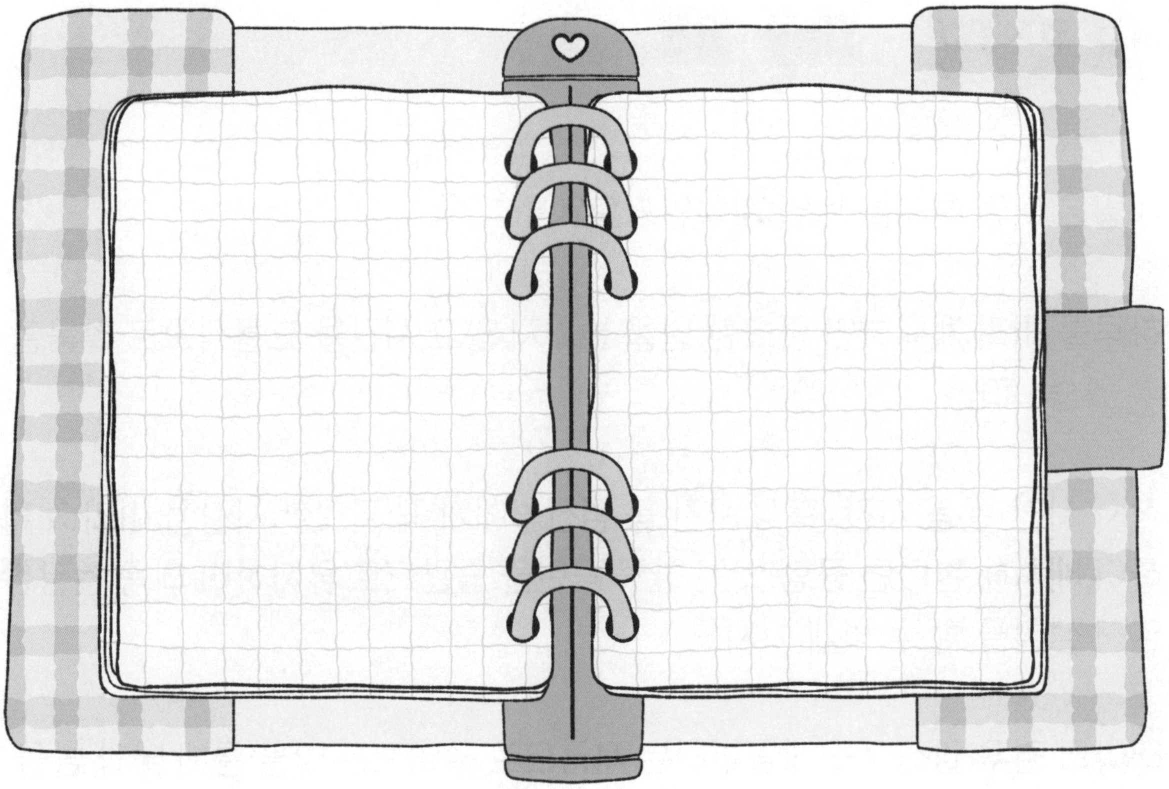

사랑하는 나의 아가, (　　　)아(야)!

오늘 하루도 엄마 배 속에서 재미있게 놀았니?

내일은

- 아래 항목을 보면서 출산 직후 반드시 해 두어야 할 일에 대해 생각해 보고, 나에게 맞게 수정해 보세요.

항목	진행 유무
부모님(아기의 할머니, 할아버지)께 연락드리기	
산후조리원 연락하기	
산후도우미 연락하기	
출생 증명서 발급 받기	
출생 신고하기	
전기료 감면 신청하기	
각종 지원금 신청하기	
자동차 보험 자녀 등록하기	
영유아 검진 예약하기	
신생아 예방 접종 예약하기	

- 기타 추가로 필요한 항목을 정리해 보세요.

항목	진행 유무
가슴 마사지 받기	
첫 수유 해보기	
손으로 자궁마사지 하기	
아기 카시트 소독하기(퇴원 준비)	
탯줄 도장 만들기	
아기 이름의 첫 통장 만들기	
어린이집 대기 걸어 놓기	

- 아래 빈칸에 아기의 태명을 넣은 후, 소리 내어 엄마 목소리로 읽어 주세요.

드디어 ( )(이)의 마지막 이야기 시간이네.

그날은 다른 날과 뭔가 조금 달랐습니다. 엄마의 따뜻한 목소리와 밝은 빛, 잔잔한 진동까지, 분명 특별한 것은 없었지만 ( )(이)의 집이 자꾸만 흔들리고 있었기 때문이지요.

작고 따뜻한 ( )(이)의 집은 이제 더 이상 ( )(이)를 감싸 줄 수 없을 만큼 작아져 있었습니다.

( )(이) 왕국의 백성들은 모두가 한마음이 되어 이야기했습니다.
"( )(이)님, 이제 이곳을 떠나실 시간이에요. 서둘러 준비하세요!"

( )(이)는 찌뿌둥한 몸을 한 번 풀고는, 집이 흔들리는 때가 다가오자 문을 열기 위해 안간힘을 썼습니다.
'이거 참 쉽지 않겠는걸?'

엄마의 다급한 목소리도 들렸습니다.
"이제 정말 때가 왔나 봐. 진통이 느껴져!"

( )(이)는 집 밖 세상으로 나가는 길목에서 마지막으로 깊은 숨을 내쉬었습니다.

"하나, 둘, 셋, ... "
아빠의 목소리에 맞추어 엄마도 ( )(이)를 세상으로 나오도록 집을 흔들며 도와주고 있었습니다.

"조금만 더 힘을 내자, ( )야(아)."

밖으로 나가기 위한 엄마, 아빠, (　　　)(이)의 노력은 몇 시간 동안 계속되었습니다.

"자 우리 마지막으로 힘줄 거예요." 의사 선생님의 인자한 목소리가(　　　)(이) 가족에게 더 큰 힘을 주었습니다.

(　　　)(이)는 힘껏 몸을 밀어내며 빛이 보이는 쪽으로 나아갔습니다. 드디어 문이 활짝 열렸습니다. 바깥쪽 길은 좁고 어두웠지만 (　　　)(이)는 거기서 멈추지 않고 계속해서 몸을 밀어냈습니다.

그러자 따뜻한 온기가 온몸을 감싸고 세상이 환하게 밝아지며, (　　　)(이)는 새로운 세상으로 나오게 되었습니다.

주위에서 들려오는 익숙한 목소리와 부드럽게 감싸 오는 손길이 (　　　)(이)를 가득 채웠습니다.

그렇게 (　　　)(이)는 처음으로 엄마의 품에 안겼습니다. 엄마는 (　　　)(이) 꼬옥 안아 주었어요.

그토록 기다리던 엄마와 아빠를 만난 (　　　)(이)는 너무나 행복했습니다.
세 명의 가족은 이제 (　　　)(이)와 함께하는 이 넓고 신기한 세상에서의 새로운 이야기를 써 나가기 시작했습니다.

출생 직후의 신생아는 약 2~30cm 정도의 거리에서만 사물을 또렷하게 볼 수 있습니다. 이는 엄마가 아기를 안고 있을 때 엄마의 얼굴과 아기의 얼굴 사이의 거리와 비슷하지요.

이 시기의 아기는 가까운 거리에서 물체나 사람의 얼굴에 초점을 맞추는 능력이 부족하고 눈 근육을 완벽히 조절하지 못하기 때문에, 눈이 한쪽으로 치우치거나 초점이 맞지 않는 경우가 많습니다.

따라서 생후 몇 주 동안 아기의 눈이 다른 방향을 보는 등의 현상은 대부분의 경우 정상적인 발달 과정에 있으며 대개 생후 몇 개월 동안 자연스럽게 개선됩니다.

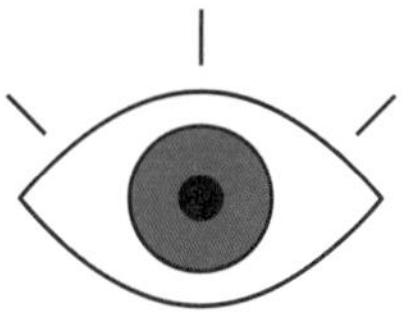

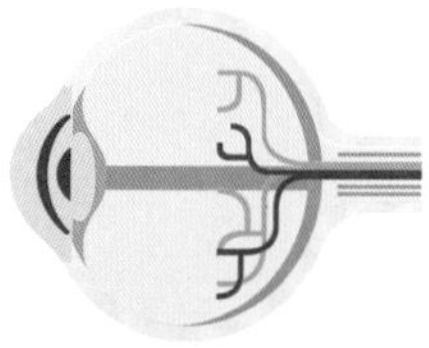

[아기의 시각 발달]

* 0~1개월
 - 가까운 거리에서 얼굴을 인식하며, 흑백 명암을 구별합니다.

* 1~2개월
 - 색상을 구분하기 시작하고, 초점을 맞추는 능력이 향상됩니다.

* 3~4개월
 - 입체적으로 사물을 보는 능력이 발달하기 시작합니다.

* 5~7개월
 - 시야가 성인 수준에 가까워지며 세부적인 특징을 잘 알아차리게 됩니다.

* 8~12개월
 - 사물을 명확하게 볼 수 있으며 익숙하고 낯선 사람을 구별합니다.

- 갓 태어난 신생아는 밝고 어두운 흑백 명암만 인지 가능하기 때문에 화려한 색감 보다는 흑백 모빌이나 초점책을 보여주는 것이 좋습니다.

동그라미, 선, 사각형 등과 같은 모양들은 아기의 주의력을 끌기 좋으며 아기는 이러한 것들을 관찰하면서 시각 자극을 받고 뇌 발달을 촉진할 수 있습니다.

우리 아이의 시각 발달을 도와줄 초점책! 엄마가 직접 디자인해 보는 것은 어떨까요? 아래 빈칸을 활용해 그림으로 나타내어 보세요.

신생아의 울음은 아기의 가장 중요한 의사소통 수단입니다.
하지만 처음 아기를 낳은 초보 엄마, 아빠는 아기의 울음에 어쩔 줄 몰라 하며 당황하곤 하지요. 신생아의 울음은 다음과 같은 이유로 발생할 수 있습니다.

* 배고픔
- 배가 고픈 아기는 입맛을 다시거나 입을 크게 벌리기, 손가락을 빨기 등등의 행동과 함께 울기 시작하며 울음은 점점 강해집니다. 이러한 신호를 보였다면 즉시 수유를 통해 배고픔을 해결해 주세요.

* 기저귀
- 울음이 지속적인 상황에서는 소변이나 대변을 보고 기저귀가 불편한 것이 이유일 수 있습니다. 이때 깨끗하게 기저귀를 갈아주면 아기의 울음이 빠르게 멈추지요.

* 졸림
- 눈이 조금씩 감기거나 하품을 하고, 짜증 섞인 울음이 나타난다면 졸려서 우는 것일 수 있습니다. 조용하고 어두운 장소에서 편하게 눕혀 보세요.

* 체온 변화
- 갑작스럽게 체온이 변화하는 환경에도 아기는 울 수 있습니다. 신생아는 체온을 스스로 조절하기 어렵답니다. 아기의 옷을 점검하여 너무 덥거나 춥지 않도록 해주세요.

신생아는 시간이 지남에 따라 자신만의 울음 패턴을 가지게 됩니다. 부모가 이 패턴을 이해하게 된다면 무엇을 원하는지 알아차리고 적절하게 대응할 수 있을 거예요.

- 아기는 태아 시절 엄마의 자궁 속에서 들었던 소리, '백색 소음'을 기억합니다. 따라서 이러한 소리는 아기를 진정시키는 데 도움이 될 수 있지요.

또한, 배 속에서부터 많이 들어왔던 엄마의 편안한 목소리를 통해 자장가 등의 느린 노래를 불러준다면 아기는 금방 안정을 찾을 수 있답니다.

아이를 달래고 진정시킬 수 있는 조용한 노래를 떠올려 보고, 미래의 아기에게 불러주도록 해요!

* 아기가 울 때 달래줄 수 있는 노래를 찾아 가사를 써 보세요.

* 배를 쓰다듬으며 직접 노래를 불러볼까요?

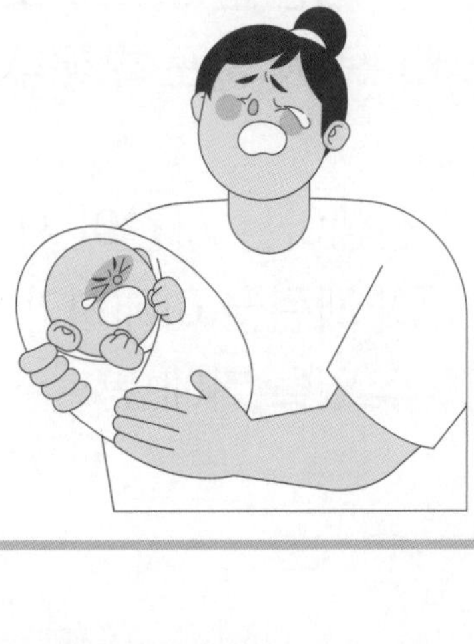

태교 한 장 Day 94

[문제 풀어 보기] 미스테리 수수께끼 5

- 엄마의 적극적인 두뇌 활동은 태아의 두뇌 발달에도 좋은 영향을 주지요. 미스테리한 수수께끼 문제를 풀어보는 것은 어떤가요? 아래 이야기를 꼼꼼히 읽어 본 후 추리를 통해 문제를 풀어 보세요.

제임스와 브라운은 어두운 밤을 뚫고 오래된 실험실로 향했습니다. 브라운의 부모님이 자주 드나들었지만, 브라운은 한 번도 들어가 본 적이 없는 공간이었지요. 실험실 앞에 도착하자, 오래되어 녹슨 철문이 강한 존재감을 뿜어내고 있었습니다.

제임스는 조심스럽게 문을 열었습니다. 삐걱거리는 소리와 함께 문이 열리자, 차가운 공기와 함께 어두운 실험실이 모습을 드러냈습니다.

실험실 내부는 여러 기계들과 아기용품, 그리고 책이 먼지로 가득했습니다. 그리고 벽 한쪽에는 낡은 사진이 걸려 있었습니다. 사진 속에는 젊은 시절의 브라운 부모님과 함께 어린 소년이 환하게 웃고 있었습니다.

"이 아이가... 내 동생 피터요!"

사진 뒷면에는 작은 글씨로 이렇게 적혀 있었습니다.
'피터, 우리나라의 미래를 이끌어 갈 아이. 이곳에서 책임연구원을 꿈꾸다.'

"브라운 씨, 당신의 동생은 부모님의 실험 대상으로 키워졌던 게 아닙니다. 그는 부모님의 연구를 도왔고, 본인의 의지로 연구원이 되고 싶었던 것으로 보여요. 단서를 좀 더 찾아보죠."

제임스는 실험실 안의 책상 속에서 한 서류 가방을 발견했습니다. 가방은 굳게 잠겨 있었고, 바로 위쪽에 힌트를 나타내는 듯한 글귀가 쓰여 있었습니다.

가방의 단서는 무엇을 가리키는 것일까요?

*정답 : 시험관 아기
Bouncing, Adorable, Bright-eyed, Youthful의 앞글자를 따면 'Baby'가 되고, 뜻도 '활기찬, 사랑스러운, 반짝이는 눈을 가진, 어린' 이라는 뜻의 아기를 가리킨다.
또한 'IVF'는 체외수정(시험관) 시술을 의미한다.

가방을 유심히 보던 제임스는 책상 옆쪽에 있던 아기용품 바구니 안을 살펴보았고, 반짝이는 열쇠를 찾을 수 있었습니다.

열쇠를 통해 가방을 열자, 그 안에는 브라운 부모님이 남긴 연구 기록과 함께 피터가 진행한 듯한 다양한 실험 결과들이 정리되어 있었지요.

"브라운 씨, 이걸 보세요. 피터는 어릴 때부터 비상한 두뇌를 가진 천재였던 것으로 추정됩니다. 그의 재능을 알아본 국가에서 그를 특별히 관리했으며, 피터 씨는 부모님을 이어 국가에서 운영하는 시험관 아기 육성 사업에서 연구원으로 일한 것으로 보여요."

바로 그때, 뒤편의 문에서 피터가 등장했습니다.
"형, 드디어 사실을 알아 버렸구나!"

브라운과 피터는 뜨거운 포옹을 나누었습니다. 피터는 자신의 지난 시간을 털어놓으며, 그동안 수행했던 성공적인 연구와 성과를 설명했지요.

탐정 제임스는 이렇게 또 하나의 사건을 해결했다는 사실에 뿌듯한 듯 그들을 지켜보며 조용히 미소를 지었습니다.

태교 한 장 Day 95

[영어로 말해요] 너를 위해서

- 아래 내용의 빈칸을 채워 보고, 소리 내어 읽어 보세요.
  더 쓰고 싶은 내용이 있다면 내용을 추가해도 좋아요!

My dear, sweet baby!
I am preparing many things just for you.
나의 사랑스러운 아가야! 엄마는 너를 위해 많은 것들을 준비하고 있단다.

I have prepared (   )
so I can always give you delicious milk when you are hungry.
네가 배고플 땐 맛있는 우유를 언제든 줄 수 있도록 준비했어.
(ex. baby bottles and formula / 젖병과 분유)

For your stylish fashion, I've already bought
(   ).
너의 멋진 패션 스타일을 위해 미리 사 두었지
(ex. hats, baby suits, and shoes. / 모자, 아기 슈트, 신발도.)

The biggest item among your things is the (   ).
너의 물건 중 가장 큰 것은 (ex. baby crib. / 아기 침대란다.)

It's so large that your dad had quite a hard time carrying it.
정말 커서 너희 아빠가 짐을 드는데 꽤 힘들었대.

These items are all gifts from Mom and Dad, just for you.
이 물건들은 모두 너를 위한 엄마, 아빠의 선물이란다.

I'm really looking forward to you using these things one by one after you are born.
네가 태어나 이것들을 하나씩 사용할 생각을 하니 정말 기대가 되는구나.

Mom is ready to do anything for you.
엄마는 너를 위해서 뭐든 할 준비가 되어 있어.

I (   ) so I can give birth to you healthily.
너를 건강히 잘 낳고 싶어서
(ex. worked hard on swimming and yoga/ 수영과 요가 열심히 했지.)

I (   ) because I want to raise you well.
너를 잘 키우고 싶어서
(ex. read a lot of parenting books / 육아 서적도 열심히 읽었단다.)

I even (   ),
just in case it might be bad for you.
너에게 혹시 안 좋을까 봐
(ex. laughed off anything that made me angry / 화가 나는 일이 있어도 웃어넘겼어.)

All of this is because I love you, my precious baby.
이 모든 게 나의 사랑하는 아기인 너를 위해서야.

많은 임산부들은 출산 훨씬 이전부터 출산의 과정을 두렵게 느끼곤 합니다.

출산 시뮬레이션은 출산의 전체 과정에서 예상되는 상황을 미리 떠올려보고 긴급상황에 대처하는 방법과 출산 시 필요한 호흡 등을 연습해 볼 수 있어 정신적 부담을 덜어 주는 역할을 하지요.

아래 내용을 통해 출산 직전의 증상과 대처 방법을 살펴보고, 내가 선택한 분만 방법에 따라 출산 시뮬레이션 활동을 진행해 봅시다.

* 출산 직전 증상
- 소화불량이 줄어들고 소변을 더 자주 보게 된다.
- 배변이 잦아지거나 설사 같은 증상이 나타난다.
- 아기가 골반으로 내려가면서 배가 아래로 처지는 느낌이 든다.
- 배와 허리, 골반이 심하게 아프고 규칙적이다.
- 이슬(혈액이 섞인 끈적한 분비물)이 비친다.
- 갑자기 투명한 액체(양수)가 터져 계속해서 흐른다.

* 대처 방법
- 아기가 산소를 잘 마실 수 있도록 계속해서 깊게 심호흡한다.
- 진통 간격이 15분 이상일 경우, 따뜻한 물로 샤워하여 온몸의 근육을 이완시킨다. (진통 간격이 10분 이하라면 바로 병원에 간다.)
- 허리와 골반을 가볍게 마사지 해준다.
- 장시간 한 자세로 있으면 통증이 더 심하게 느껴질 수 있으므로, 자세를 조금씩 바꾸어 준다.
- 필요한 물건을 담아 출산 가방을 준비한다.
- 병원에 증상을 공유하고 적절한 대처를 받는다.
  (양수가 터졌을 때는 지체하지 않고 곧바로 병원에 가는 것이 좋다.)

* 내가 선택한 분만 방법은 무엇인가요?

* 해당 분만법에 따라 필요한 것은 무엇이 있나요?

* 출산 전체 과정을 단계별로 자세히 작성하여 나의 출산 성공 스토리를 완성해 봅시다.

아이의 발달 과정에서 규칙을 세우고 지키는 것은 아이에게 일관된 환경을 제공하고 사회적 규범과 자기조절 능력을 배우는 데 도움을 줍니다.

규칙을 통해 아이는 예측 가능한 일상을 경험하게 되며, 이는 심리적 안정감을 주어 일상에서 편안함을 느낄 수 있습니다.

또한 규칙을 지키는 과정에서 아이는 자신을 스스로 통제하고 책임감을 배우며 성장하게 됩니다. 가정에서 배운 규칙은 아이가 사회 활동을 할 때, 예를 들어 학교나 친구들과의 상호작용에서 적절한 행동을 하는 데 중요한 역할을 합니다.

가정에서 규칙을 세울 때는 아이의 발달 단계와 성격, 가정 환경을 고려하는 것이 필요합니다. 아래는 일반적으로 집에서 세우기 좋은 기본적인 규칙의 예시입니다.

- 정해진 시간에 자고 일어나기
- 식사 시간과 장소 지키기
- TV와 스마트폰 시청 시간 제한하기
- 자신의 물건 정리하기
- 외출 후에는 반드시 손 씻기
- 가족과 함께 할 때는 차례 기다리기
- 상대방의 물건 허락받고 사용하기

* 규칙은 아이가 이해하기 쉽고 실천 가능하도록 명확하고 일관되어야 합니다. 규칙을 잘 지켜냈다면 칭찬과 격려를, 규칙을 지키지 못했을 경우에는 왜 그 규칙이 중요한지 차분하게 설명한 후 규칙에 따라 제한하는 경험을 하게 해주세요.

* 현재 우리 집에는 어떤 규칙이 있나요?

* 아이가 자라면서 필요한 규칙에는 무엇이 있을까요?

* 우리 집에 필요한 규칙을 세워 구체적인 내용을 적어 봅시다.

임산부의 배가 눈에 띄게 나오기 시작하는 시기는 개인마다 다르지만, 일반적으로 임신 12주에서 16주 사이에 조금씩 배가 불러오는 것을 느낄 수 있습니다.

배가 커지는 속도와 시기는 여러 요인에 의해 영향을 받습니다. 첫 임신일 경우 배가 조금 더 늦게 나오고, 두 번째 이후 임신부터는 배가 좀 더 빨리 나오는 경향이 있습니다.

또한 태아가 자궁 내에서 어떤 위치에 있는지, 임신 전 산모의 체형이나 체중은 어땠는지, 다태아 임신인지 등에 따라 배의 모양과 체형이 달라지게 됩니다.

* 배에 생기는 변화

- 스트레치 마크
  배가 커지면서 피부가 늘어나면 스트레치 마크(튼살)가 생길 수 있습니다. 주로 복부, 엉덩이, 허벅지, 가슴 등에 나타나며, 초기에는 붉은 자주색으로 보이다가 시간이 지나면서 점차 흐릿해집니다.

- 배꼽
  배가 불러오면서 배꼽이 밖으로 돌출되기도 합니다. 임신 후반부에 배꼽이 바깥쪽으로 튀어나오는 현상은 자연스러운 것으로, 출산 후에는 다시 정상으로 돌아옵니다.

- 가려움증
  배가 커지고 피부가 늘어나면서 피부가 건조해지고 가려움증이 생길 수 있습니다. 이를 완화하기 위해 보습제를 자주 바르는 것이 좋습니다.

- 아기를 가진 후 나의 배는 어떻게 달라져 왔나요?
  주수별로 달라지는 배의 변천사를 확인할 수 있도록
  사진을 붙여 보세요.

  해당 사진의 주수와 날짜도 함께 기록해 보도록 해요.

태교 한 장 Day 99

[너에게 쓰는 편지] 드디어 만날 너에게

- 아기가 세상에 나올 날이 얼마 남지 않았어요! 매일 같이 꿈꾸던 그날이 되어 아기를 만난다면, 어떤 이야기를 전해 주고 싶나요? 임신 후 있었던 다양한 일들을 떠올려 본 후 아래 빈칸을 채워 보며 아기가 태어나기 전 마지막 편지를 써 보세요!

이제 곧 세상에 태어날 나의 아가, (   )(이)에게

오늘은   년   월   일이야.

엄마, 아빠를 만날 날이 정말 얼마 남지 않았구나!

네가 엄마의 배 속에서 자라는 동안,

ex) 엄마는 하루하루 네가 크는 모습을 보고 느끼며 너무나 행복했단다.

엄마와 아빠는 너를 처음 알게 된 순간부터 지금까지

ex) 네가 건강하게 자라주기만을 바랐어.

이제 네가 세상에 나오면

ex) 엄마, 아빠와 함께 할 것들이 아주 많아.

엄마는 너를 맞이하기 위해

ex) 집 안 대청소도 하고, 너의 옷 빨래도 해두었어!

네가 배 속에서 꿈틀거리는 게 느껴질 때마다 너와 만나 함께 할 시간이 더욱 기대되네.

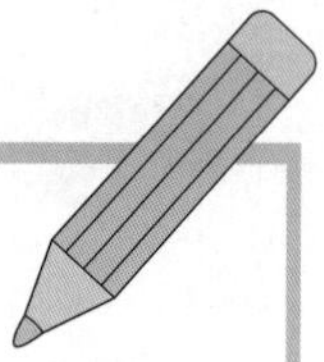

엄마, 아빠에게 가장 감사한 일은

ex) 지금까지 네가 아픈 곳 없이 건강하게 무럭무럭 자라주었다는 사실이야.

엄마는 너의 행복을 위해

ex) 끊임없이 무한한 사랑을 줄게.

앞으로 우리 가족은

ex) 세상에서 제일 행복한 가정이 될 거야.

이제 곧 너와 직접 만나게 될 시간이 다가오고 있어.

우리 함께

ex) 웃고, 서로 사랑하며 소중한 추억을 쌓아나가자.

– 널 가장 사랑하는 엄마가 –

태교 한 장 Day 100 [만날 날을 준비해요] 가까운 곳 알아보기 (소아과, 어린이집)

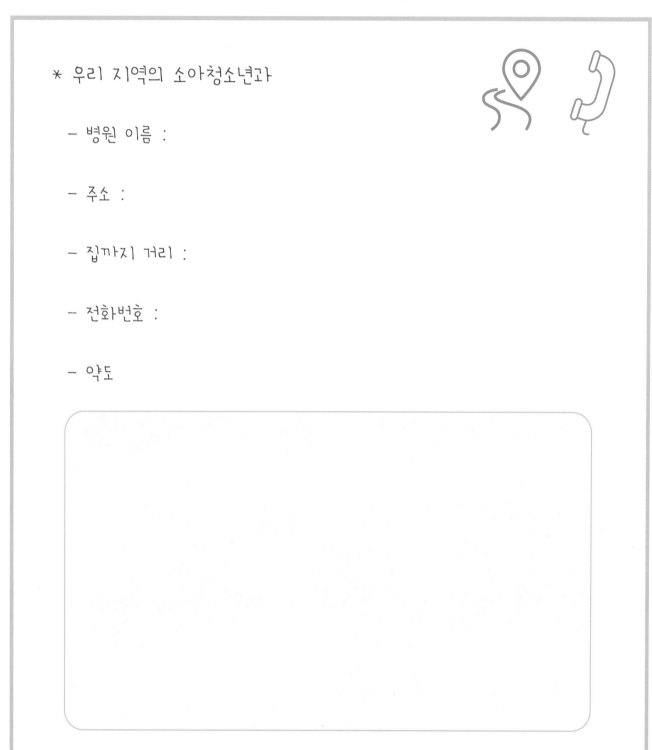

- 아이가 태어난 후에 꼭 알아 두어야 할 장소가 있습니다. 아이에게 아픈 증상이 있을 때 가는 '소아청소년과 병원'과 대기 순번이 길어 미리 연락해 두어야 하는 '어린이집'이지요. 우리 지역의 소아청소년과 병원과 어린이집은 어디에 있는지 찾아본 후 위치와 전화번호 등을 정리해 두도록 합시다.

* 우리 지역의 소아청소년과

– 병원 이름 :

– 주소 :

– 집까지 거리 :

– 전화번호 :

– 약도

* 우리 지역의 어린이집

- 어린이집 이름 :

- 주소 :

- 집까지 거리 :

- 전화번호 :

- 약도

100일 태교 한 장

초판 1쇄 발행 2024년 10월 4일

지은이 김예닮
펴낸이 이기봉
편집 좋은땅 편집팀
펴낸곳 도서출판 좋은땅
주소 서울특별시 마포구 양화로12길 26 지월드빌딩 (서교동 395-7)
전화 02)374-8616~7
팩스 02)374-8614
이메일 gworldbook@naver.com
홈페이지 www.g-world.co.kr

ISBN 979-11-388-3567-1

• 가격은 뒤표지에 있습니다.

• 파본은 구입하신 서점에서 교환해 드립니다.